河出文庫

植物はそこまで知っている

感覚に満ちた世界に生きる植物たち

ダニエル・チャモヴィッツ
矢野真千子 訳

河出書房新社

目次

◈

植物はそこまで知っている

感覚に満ちた世界に生きる植物たち

シーラ、イータン、ノーム、シャーニへ

プロローグ

植物の感覚とヒトの感覚の類似性に注目するようになったのは、一九九〇年代、イェール大学でポスドクフェロー（博士課程修了後の特別研究員）をしていたころだ。当時、私はヒトの生物学とは関係のない植物の研究に没頭していた。植物に関心を向けたのは、ひょっとすると家族のうち六人が医者だったことに対する、若さゆえの反発だったのかもしれない。ともかく私は、植物は自身の生長に光をどう利用しているのかという疑問にとりつかれていた。そしてその研究の過程で、周囲に光があるかないかを植物自身が判断するのに必要な遺伝子群を発見した[1]。ところが驚いたことに、その同じ遺伝子群がヒトのＤＮＡの一部を構成していることまでわかったのだ[2]。これはまったくの想定外だった。植物特有の遺伝子だとばかり思っていたものが、ヒトにもあるなんて。当然ながら、その遺伝子はヒトではいったいどんなはたらきをしているのだろうという疑問が生まれた。あれから十数年たった現在では、数々の研究から、この遺伝子群は植物にも動物にも存在しているだけでなく、植物でも動物でも光に対する反応（その他、さまざまな発生プロセス）を調節するのに大きな役割を果たしていることが判明している。[3]

植物と動物の遺伝子は、それほど違わないのではないか。そのことに気づいた私は、植物とヒトの生物学上の類似性を追究するようになっていった。研究テーマは、植物の光に対する反応から、ショウジョウバエの癌発生のしくみを調べることにまで広がった。こうして私は、植物はかなりのことを知っている、ということを学んだ。

私たちはふつう、庭に生えている花や木に高度な感覚機構があるなどとは思いもしない。でも、ちょっと考えてみてほしい。動物なら暮らす環境を自ら選ぶことができる。嵐が来ればそれを避ける場所を探し、食料やつがいの相手を求めてうろつき、季節の移り変わりに合わせて渡りをすることもできる。いっぽう、植物はよりよい環境に移るということができないぶん、気まぐれな気候に順応し、侵害してくる雑草や害虫に抵抗するすべを身につけなければならない。つまり植物には、変化する状況に合わせて生長できるよう、複雑な感覚機能と調整機能を進化させる必要があったということだ。たとえばニレの木は、何かの陰になって日光を浴びられないというとき、光に向かって自身を伸ばす方法を知っていなければならない。レタスはアブラムシに食い荒らされそうになったとき、アブラムシを殺すような有毒物質をつくる方法を知っていなければならない。北米の太平洋側に生育するベイマツは、強風にへし折られないよう幹を頑丈にする方法を知っていなければならない。サクラはいつ花を咲かせればいいかを知っていなければならない。

実際のところ、遺伝子という観点で比べてみても、植物は動物よりも複雑であることが多い。また、生物学全般における転換点となるような重要な発見は、意外にも植物の研究から得られてきた。ロバート・フックは一六六五年、自作した顕微鏡でコルクを観察しているとき、細胞というものの存在をはじめて確認した。一九世紀にはグレゴール・メンデルがエンドウマメで現代遺伝学の原則を見出し、二〇世紀にはバーバラ・マクリントックがトウモロコシで遺伝子が転移（ジャンプ）することを確認した。その後、こうした「ジャンピング遺伝子」はDNAの生来の特性の一つであることや、ヒトの癌にもかかわっていることが判明した。ダーウィンが現代の進化論の父であることはみなさんもご存じだろう。おいおい紹介するが、そのダーウィンによる発見の多くも、やはり植物研究から生まれている。

厳密に言えば、植物は「知っている」という私の言葉の使い方は正しくない。植物には中枢神経系、つまり体全体の情報を調整している「脳」は存在しないからだ。それでも植物は環境に最適化するよう各部位を緊密に連携させて、光や大気中の化学物質、気温などの情報を根や葉、花、茎で伝え合っている。そもそも植物とヒトのふるまいを同等に扱うことはできない。植物が「見る」あるいは「匂いを嗅ぐ」と書いたからといって、それはかならずしも植物に目や鼻（あるいは感覚器から得られる入力情報に感情を結びつける脳）があるという意味にはならない。しかし、ヒトのふるまいにたとえた表現を用いるほうが理解しやすくなることもまた事実だ――視覚や嗅覚について、植物とヒトについて、想像力をはたらかせながら考えて、認識を新たにするためには。

本書は、かつて人気を博した『植物の神秘生活』のような本ではない。もしあなたが、植物も人間も同じだという主張を探しているのなら、どうかほかをあたってほしい。『植物の神秘生活』がベストセラーになっていた一九七〇年代に、高名な植物生理学者のアーサー・ガルストンは、「十分な証拠もないまま突飛な主張を提示すべきでない」と語った。(4) 私の考えもガルストンと同じだ。『植物の神秘生活』は科学書とはいえず、一部の読者に誤解を与えてしまったが、それ以上に残念なのは、動物の感覚と植物の感覚の類似性を探ろうとする研究すべてに科学者が及び腰になり、植物のふるまいに関する研究が一時停滞してしまったことだ。

あの本がメディア旋風を巻き起こしてから数十年になる。現在、植物学者は増え、層も厚くなった。私は本書で、植物学の最前線の研究を紹介し、植物には実際に感覚があるのだという主張を展開したいと思っている。植物の感覚について現代科学が論じていることすべてを網羅するつもりはない。それでは分厚い教科書のようになってしまって、一般の人に手にとってもらえないからだ。かわりに、ヒトが有している感覚を章ごとのテーマとし、ヒトにとっての感覚と植物にとっての感覚を比較することにした。そして、感覚はどのようにして検知されるのか、情報はどのように処理されるのか、植物にとって感覚は生態学的にどんな意味があるのかを述べていきたい。過去に信じられていた考え方と、現在認められつつある考え方の比較もしたい。私が選んだテーマは視覚、触覚、聴覚、位置感覚、記憶だ。嗅覚の章も一つ設けた。味覚の章を立てなかったのは、味覚は嗅覚と緊密に関連しているからだ。

私たちの暮らしは植物なしでは成り立たない。メーン州の森の材木で建てられた家で目覚め、ブラジルで栽培されたコーヒー豆で淹れたコーヒーをカップに注ぎ、エジプト綿のTシャツを着て、木材を原料とする紙に資料をプリントアウトする。子どもたちを学校まで送っていく車はアフリカで育ったゴムでできたタイヤで走り、数百万年前に死に絶えたソテツからできたガソリンを燃料にする。植物から抽出した化学薬品は熱を下げ（アスピリンなど）、抗癌剤になる（タキソールなど）。コムギは人類文明を大躍進させ、ジャガイモは大量の移住者を出した。植物は私たちにいつも驚きと喜びを与えてくれる。天まで届きそうな巨樹のセコイア。水中で暮らしながら光合成をする藻類。そして、どんな人をも微笑ませてくれるバラの花。

さあ、ここからは、そんな大切な存在である植物について、科学者たちがこれまでに何を発見してきたのかを知る旅に出かけよう。植物の知られざる暮らしを支えている科学の最初のテーマは「視覚」だ。裏庭にひっそりと生えている植物は、いったい何を見ているのだろうか。

1章　植物は見ている

彼女はいつも太陽のほうを向く。根によって固定され、変身させられたにもかかわらず、彼女の太陽への愛は不変である。
——オウィディウス『変身物語』より

植物はあなたを見ている。このことについて考えてみよう。

植物は「植物にとって可視的な環境」をいつもモニタリングしている。植物は、あなたが近づいてくるのを知っている。あなたがそばに立って、見下ろしているのを知っている。青いシャツを着ているか、赤いシャツを着ているかも知っている。あなたが家の壁を塗り替えたことも、植木鉢を居間の片隅から別の場所に移したことも知っている。

もちろん植物は、あなたや私が見ているのと同じ光景を「見て」いるわけではない。植物は、髪が薄くなりかけているメガネをかけたオジサンと、茶色の髪をカールさせて微笑んでいる女の子を見分けることはできない。それでもさまざまな方法で光を見ているし、私たち人間には見えない色まで見ている。日焼けのもととなる紫外線や、暖かさをもたらす赤外線も見ている。ロウソクのようなごくわずかな光でも感知し、いまが日中なのか、太陽が地平線に沈もうとしているときなのかを区別できる。光が左からやってくるのか、右からなのか真上からなのかもわかる。生長の速い別の植物の陰になってしまったときには、それに気づく。そして自分が何時間、光を浴びたかも知っている。

ということは、これは「植物の視覚」と考えていいのだろうか？　その前にまず、私たちにとって視覚とは何かを確認しておこう。生まれつき全盲で、まったく光のない世界で生きてきた人のことを想像してみてほしい。その人に、明るさと暗さを識別する能力が与えられたとしよう。その人は昼と夜、屋外と屋内を区別できるようになるだろう。新しく獲得したこの感覚は、その人にとって新しい機能をもたらすものなのだから初歩的な視覚と言っていい。つぎに、その人は色も見分けられるようになったとしよう。見上げると青色が、見下ろすと緑色が広がっているのがわかるとする。明るいか暗いかだけの世界からさらに進歩した。明暗と色を見分ける能力の獲得、これが「視覚」だということは、だれもが認めることだと思う。

メリアム・ウェブスターの辞書で「視覚」を引くと、「目で受けとった光刺激を脳で処理し、空間内にある物体の位置、形状、明度、そして通常は色彩までを識別する身体感覚」とある。[1]私たちは光を「可視光線」で見ている。光とは、可視光線の電磁波を一般的にわかりやすく言い換えた言葉だ。マイクロ波も電波も電磁波である。ＡＭラジオの電波は波長がたいへん長く、半マイルほどもある。受信用のアンテナを高いところに設置するのはそのためだ。いっぽう、Ｘ線の波長はひじょうに短いので、人体を簡単に通過する。

光の波長はその中間くらい、〇・〇〇〇四ミリメートルから〇・〇〇〇七ミリメートルというところだ。波長がいちばん短いのは紫で、いちばん長いのは赤だ。青、緑、黄、オレンジはそのあいだに位置する。なお、虹の色のパターンがいつも同じなのは、波長の長さの順に並んでいるからだ。電磁波である光を「見る」ことができるのは、私たちの目に備わっている光受容体という特別な蛋白質が、電磁波のエネルギーを受けとって吸収するからだ。アンテナが電波を吸収するのと同じしくみである。

眼球のうしろ側にある網膜の層には、フラットスクリーン・テレビのＬＥＤやデジタルカメラのセンサーのように、光受容体がびっしりと並んでいる。網膜に並ぶ光受容体には、あらゆる光に反応する杆体と、光の種類に応じて反応する錐体とがある。杆体と錐体はそれぞれ、レンズによって集められた光に反応する。ヒトの網膜にはおよそ一億二五〇〇万個の杆体と六〇〇万個の錐体があり、それがすべてパスポート写真ほどのサイズ内に収められている。デジタルカメラなら、解像度一三〇メガピクセルに相当する。ヒトの高度な視覚解像力は、これほど小さな区域に莫大な数の受容体があるおかげだと言っていい。ちなみに、最高の解像度をもつ屋外用ＬＥＤディスプレイでも一平方メートルあたりのＬＥＤは一万個しかない。一般的なデジタルカメラの解像度は八メガピクセル前後だ。

杆体は光に敏感に反応するため夜間や暗いところでものを見るのに役立つが、色には反応しない。いっぽう、錐体は赤、緑、青の三種類に反応する細胞でできており、明るいところで色を見分けるのに使われる。光受容体の機能の違いは含まれる化学物質に由来する。杆体にあるロドプシンと錐体にあるフォトプシンはそれぞれ特有の構造をもち、異なる波長の光を吸収する。青い光はロドプシンと青のフォトプシンに、赤い光はロドプシンと赤のフォトプシンに吸収される。紫の光はロドプシンと青のフォトプシン、赤のフォトプシンに吸収されるが、緑のフォトプシンには吸収されない。杆体または錐体は、光を吸収するとその信号を脳に送る。脳は数百万もの光受容体からの信号を処理し、ひとまとまりの像を浮かび上がらせる。

視覚の喪失はさまざまなところで生じた不具合が原因となる。網膜の構造に問題があって光を認識できないこともあれば、ロドプシンとフォトプシンに問題があって光を読みとれないこともある。情報を脳へ送る機能に問題がある場合もある。たとえば赤系統の色覚異常の人は赤のフォトプシンをもっていないため、赤の信号が吸収されず、当然ながら脳に送られない。ヒトの視覚はまず細胞が光を吸収し、つぎに脳がその情報を処理し、はじめて機能するしくみになっている。植物ではどうなのだろう?

植物学者ダーウィン

あまり知られていないことだが、チャールズ・ダーウィンは『種の起源』発表後の二〇年間に、現在の植物学研究につながる一連の実験をしていた。

ダーウィンは息子のフランシスとともに、植物の生長に影響する光の効果に多大な関心を抱いていた。ダーウィンは晩年の著作『植物の運動力』で、「水平方向からの光の向きに植物の一部が曲がっていかないという例は、きわめて希少である」と書いている。[2]一九世紀のもったいぶった文章を現代風に言い換えれば、ほとんどの植物は光に向かって曲がる、ということだ。私たちも、家の中に置いた鉢植えの植物が日光の入る窓側に屈曲するのを日常的に目にしている。このふるまいは屈光性という。一八六四年、ダーウィンと同時代の植物学者ユリウス・フォン・ザックスは、植物の屈光性を引き起こすのが青い光であることを発見した。それ以外の色の光はほとんど影響しない。しかし、植物がどうやって、またどの部位で、特定の方角からくる光を「見て」いるのかは、ザックスを含めてだれにもわからなかった。

なぜ光のほうに曲がっていくのだろう。植物は光合成で光をエネルギーに変えるから、光合成をするために屈曲するのだろうか？　そうではなく、屈光性は光のほうに向くという植物が生まれつきもっている感知能力だ、ということをダーウィン父子はごく簡単な実験で示した。二人はこの実験で、イネ科の植物であるカナリークサヨシの苗を植えた鉢を数日間、まったく光の入らない部屋に置いた。つぎに、鉢から一二フィート離れたところにごく小さなガス灯をともした。

カナリークサヨシ
(*Phalaris canariensis*)

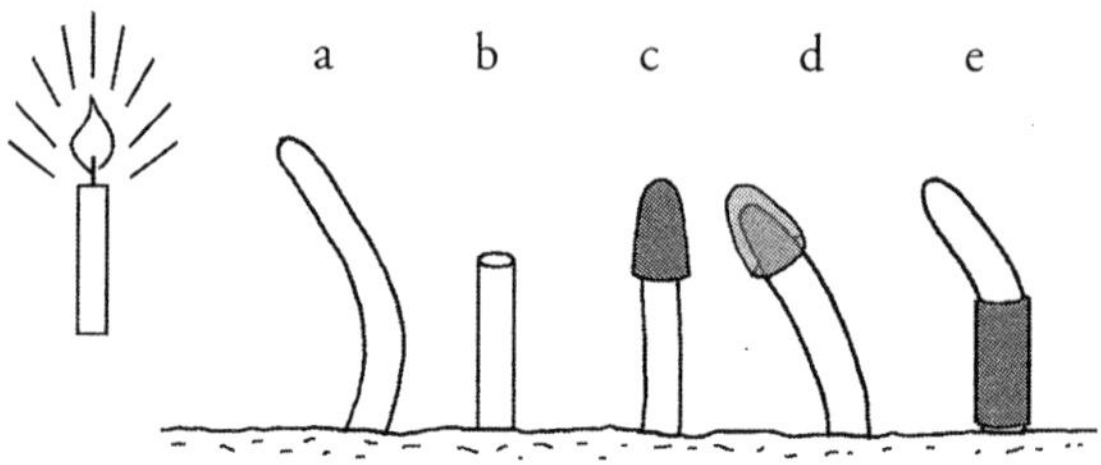

ダーウィン父子による屈光性の実験

二人によれば「クサヨシの苗はもちろん、紙に引いた鉛筆の線も見えないほど」かすかな光だった。[3] それでも三時間後には、クサヨシは明らかにガス灯のほうに屈曲していた。苗の曲がる部位はいつも同じで、先端から一インチほど下のところだった。

では、クサヨシはどの部分で光を見ているのだろうか。ダーウィン父子は、のちに「植物学の古典的な実験」となる実験をおこなった。二人は、植物の「目」は屈曲した部分ではなく苗の先端部にあるはずだと仮説を立て、つぎのような五種類の苗で屈光性を調べた。

a　何もしない場合の屈光性を調べるための苗。
b　先端を切りとった苗。
c　先端に遮光性のキャップをかぶせた苗。
d　先端に透明ガラス製のキャップをかぶせた苗。
e　中央部を遮光性の管で覆った苗。

五種類の苗はその前にした実験と条件をまったく同じにそろえた。当然ながら「何もしない」苗は光に向かって屈曲した。中央部を遮光性の管で覆った苗（e）も同じように光の方角に曲がった。しかし、先端を切りとったり遮光性のキャップで覆ったりすると曲がらない。先端にキャップをかぶせても、それが透明ガラス製であれば苗（d）は曲がる。透明ガラスは光を通過させて苗の先端に届けることができるからだ。ダーウィン父子はこの簡単な実験の結果を一八八〇年に発表し、屈光性が生じるのは、植物の苗の先端部が光を見て、その情報を中央部に伝えて曲げさせるためだと結論づけた。二人は植物の視覚にあたるものを示してみせたのである。

生長をやめないタバコ

数十年後、アメリカのメリーランド州南部のタバコ栽培地で、奇妙な新株が出現した。このとき、植物が世界をどう見ているのかについてふたたび注目が集まった。この地域は一七世紀末にヨーロッパから入植者がやってきたころからタバコ栽培が盛んだったところだ。開拓民は、何世紀も前からタバコを育てていた先住民のサスケハノック族にならい、春に苗を植え

タバコ（*Nicotiana tabacum*）

て晩夏に刈りとった。商品になるのは葉の部分だが、一部は刈りとらずに残しておき、花を咲かせて種子をとり、それを翌年にまた植える。一九〇六年、農民はタバコに新しい株ができていることに気がついた。その株はいつまでも生長し続けるように見えた。一五フィートもの高さにまで伸び、一〇〇枚近くの葉をつけてくれる。そして、霜が降りるころになってやっと生長が止まる。これは一見すると、タバコ農家にとって金のなる木だった。しかし、「メリーランド・マンモス」というういかにもふさわしい名をつけられたこの新株は、ローマ神話のヤヌスのごとき二面性を有していた。生長し続けるという正の面がありながら、めったに花を咲かせない、つまり、翌年のための種子がとれないという負の面もあったのだ。

一九一八年、アメリカ農務省の科学者だったワイトマン・W・ガーナーとハリー・A・アラードは、メリーランド・マンモスが葉ばかり茂らせて花と種子をつくらない理由の調査に乗り出した。(4) 二人はメリーランド・マンモスを鉢に植えたものを二つのグループに分け、一方を屋外に置きっぱなしにした。もう一方のグループは、昼過ぎまでは屋外に置いて午後には暗い小屋の中に移した。すると、光を浴びる時間を制限しただけで、メリーランド・マンモスは生長を止めて花を咲かせた。つまりこの新株は、日の長いうちは商品になる葉を茂らせてくれる。種子をとりたくなれば、人工的に日を短くして花を咲かせてやればいいということだ。

この現象は光周性と呼ばれる。(5) メリーランド・マンモスの実験は、植物が光を浴びている時間を「測っている」ことを示す、初の確たる証拠となった。その後の数年にわたる研究により、日が短くなってはじめて花を咲かせる植物はほかにも多くあることがわかった。こうしたものは短日性の植物といい、キクやダイズがそれにあたる。日が長くなることで花を咲かせる植物もあった。アイリスやオオムギなどは長日性の植物だ。この発見のおかげで、農民は植物が「見る」光の時間を操作して、都合のいい時期に開花を促せるようになった。フロリダ州の農家がメリーランド・マンモスの栽培をはじめたのも驚くことではない。メリーランド州と違って霜の降りる時期のないフロリダ州では、このタバコはほぼ一年じゅう葉を茂らせてくれる。そして日がいちばん短くなる真冬だけ、花を咲かせて種子がなる。

日の長さを測る

光周性が知られるようになるとつぎつぎに疑問が生まれ、研究ラッシュとなった。植物は昼の長さを測っているのだろうか、それとも夜の長さを測っているのだろうか。植物はどんな種類の光を見ているのだろうか。光を見ているのはどの部分なのだろうか。

第二次世界大戦のころには、夜中に明かりをつけたり消したりするだけで植物の開花時期を操作できることが明らかになった。ダイズのような短日性の植物に、夜中にライトをほんの数分あてるだけで、日の短い冬期でも花を咲かせられる。反対に、アイリスのような長日性の植物に対しても、夜中に数秒ライトを浴びせれば、通常なら花を咲かせない真冬に花を咲かせられる。こうしたライトの点滅実験により、植物は昼の長さではなく、暗さが連続している時間の長さを測っていることが証明された。

このしくみを応用して、切り花農家はキク科の植物の開花時期を操り、春の花であふれる母の日のタイミングに合わせて花を咲かせている。以前はキクの栽培農家は母の日の切り花商戦に参加できずにいた。キクは通常、日が短くなる秋に花を咲かせるからだ。しかし、キクはハウス栽培が可能で、しかも秋から冬にかけて夜間にライトを数分浴びせておけば開花を抑えることができる。母の日の二週間前に夜間ライトを中止すると、キクはいっせいに花開く。あとは刈りとって出荷するだけでいい。

科学者たちの関心は、植物が見ている色に移った。そして、植物は種類にかかわらず夜間は赤色ライトにのみ反応することがわかった[6]。青や緑のライトを浴びせても開花タイミングを操作することはできないが、赤い光ならほんの数秒で効果があった。植物は色の違いを区別している。青い光で屈曲する方向を知り、赤い光で夜の長さを測っている。

さらに一九五〇年代初期、メリーランド・マンモスの研究の場となったアメリカ農務省の実験室で、ハリー・ボースウィックの研究チームは驚くべき発見をした[7]。遠赤色光とは、鮮明な赤色光よりやや長い波長をもち、たそがれどきにかろうじて見える光のことをいう。その遠赤色光が、植物への赤色光の効果を打ち消すというのだ。もう少し詳しく説明しよう。夜が長いうちは開花しないアイリスに、夜間に赤い光を浴びせると、自然界で咲くのと同じ鮮やかで美しい花を咲かせる。しかし、赤色光をあてたあとで、遠赤色光を照射すると、アイリスは最初から赤色光を見なかったかのようにふるまって、花を咲かせない。遠赤色光のあとで赤色光をあてれば、花は咲く。もう一度遠赤色光をあてると咲かない……以下同様。光を浴びせる量は関係ない。どちらの色の光もほんの数秒で同じ結果を出す。まるで光電スイッチだ。赤色光は開花をオンにし、遠赤色光はオフにする。スイッチを入れたり切ったりを、すばやくくり返すと何も起こらない。ありていに言えば、植物は最後に見た色だけを憶えているのだ。

ケネディが大統領に選出されたころ、ウォレン・L・バトラー率いる研究チームが、赤色光と遠赤色光に対する反応の違いに単一の光受容体が関与していることを示してみせた(8)。彼らはこの光受容体を、植物の色という意味の「フィトクロム」と呼んだ。いちばん単純なモデルでは、フィトクロムは光電スイッチということになる。赤色光がフィトクロムをオンにすると、フィトクロムは遠赤色光を受けとる態勢になり、遠赤色光がフィトクロムをオフにすると、フィトクロムは赤色光を受けとる態勢になる。生態学的に考えればこのしくみは理にかなっている。自然界では植物がその日のいちばん最後に見るのは遠赤色光で、それが植物にとっては「スイッチをオフにする」という信号になる。朝になると、植物は赤色光を見て目覚める。こうして植物は、赤色光を見てからどのくらい時間がたったかを測り、それに合わせて生長を調整する。では、タバコの草のどの部分が開花調整のために赤色光と遠赤色光を見ているのだろうか？

私たちはダーウィンの研究から、植物の「目」は芽の先端にあるものの、光に対する反応は先端ではなくその下の中央部に出現することを知っている。となれば、光周性のための「目」も先端にあると思いたくなるのは当然だ。ところがそうではない。夜間に植物のさまざまな部位に光を照射して調べると、開花時期を調節するにはたった一枚の葉に照射するだけでその植物全体に影響が及ぶことがわかる。いっぽう、葉をすべて刈り込んで茎と先端だけを残した状態にすると、その植物はどこに光をあてられても「見えない」。一枚の葉のフィトクロムが夜間に赤色光を見れば、植物全体が照らされたのと同じ効果が生まれる。葉のフィトクロムは光の合図を受けとると、全身に伝わる信号を送り出し、開花を促すのである。

分子遺伝学から見た植物の視覚

私たちヒトは、明暗を知るロドプシンと、赤、青、緑の光を受けとるフォトプシンという四種類の光受容体をもっている。ヒトにはもう一つ、クリプトクロムという光受容体があり、これが体内時計を調節している。いまのところ、植物にも多数の光受容体があることがわかっている。植物は光がやってくる方向を示す青色光を見ている。ということは青色光受容体をもっているはずで、それは現在「フォトトロピン」として知られている。植物は開花のタイミングを知るために赤色光と遠赤色光も見ているから、少なくとも一種類のフィトクロム光受容体はもっていることになる。しかし、植物に何種類の光受容体があるのか詳しく調べられるようになったのは、フィトクロムの発見から数十年後に幕を開けた分子遺伝学の時代に入ってからだ。

一九八〇年代初期に陣頭に立ったのは、オランダのヴァーヘニンゲン大学のマーテン・コールニーフで、多数の研究室で遺伝子を用いた実験をくり返した[9]。コールニーフはあるとき、「視力のない」植物はどうふるまうのだろうか、と疑問に思った。暗闇または薄暗いところで育った植物は、明るいところで育った植物より背が高くなる。小学校の理科実験でモヤシを育てた経験のある人なら知っているだろうが、教室の戸棚に置いたモヤシは細長くひょろりとして黄色っぽいが、屋外に置いたモヤシは短いがしっかりしていて緑色になる。植物の背丈が暗がりで高くなるのは、なるべく早く光のあるところへ出て行く必要があるからだ。ということは、本来なら植物の視力をつかさどる遺伝子が変異して目が見えなくなってしまった植物なら、その植物は明るいところでも背が高くなるはずだ。そんな盲目変異遺伝子をもつ植物を特定して育てることができたなら、遺伝学を駆使して何がその植物を盲目にしているかを突き止めることができるだろう、とコールニーフは仮説を立てた。

シロイヌナズナ
(*Arabidopsis thaliana*)

彼はその実験をシロイヌナズナでおこなった。シロイヌナズナは野生種のカラシナに似た小さな草で、実験用のモデル植物として有名だ。まず、ひとまとまりのシロイヌナズナの種子を、DNAの変異を誘発することで知られている化学薬品にさらす（なお、この化学物質は実験用ラットでは癌を引き起こす）。その苗をいくつかのグループに分けて異なる色の光をあてて育て、ほかの苗より背が高くなる苗を探す。背の高い苗はいくつも見つかった。青い光で背が高くなるのに赤い光では通常どおりである変異体もあれば、赤い光で背が高くなるのに青い光ではそうならない変異体もあった。紫外線でのみ高くなるもの、赤い光と青い光の両方で高くなるものもあった。薄暗いところでのみ高くなるものがあるかと思えば、明るいところでのみ高くなるものもあった。

特定の色の光に反応しない苗の多くには、その光を吸収するための光受容体が欠けていた。フィトクロム光受容体が欠けている植物は、赤い光の中でも暗闇にいるかのように育つ。驚いたことに、いくつかの光受容体はペアになっていた――一方は薄暗がりに対応し、もう一方は明るい光に対応する、というように。長く複雑な話を手短に言うと、現在、シロイヌナズナには少なくとも一一の光受容体の存在が確認されている。[10] あるものは発芽のタイミングを知らせ、あるものは光の方向へ屈曲するタイミングを知らせる。あるものは開花時期を知らせるものもあれば、いつ夜になったかを知らせるもの、光をたくさん浴びていることを知らせるもの、光が薄れていることを知らせるもの、時間を測るものもある。[*1]

したがって、植物の視覚はヒトの視覚よりずっと複雑だということになる。実際、植物にとって光とは単なる合図以上のもの、食料そのものだ。植物は光を使って水と二酸化炭素を糖に変える。なお、動物は、植物がつくり出した糖を食料にする。植物は動かない、動けない生き物だ。文字どおり一つところに根を下ろしているので、食料を求めて移動することはできない。動けないということを埋め合わせるために、植物は食料、つまり光を探してとらえる能力を磨いてこなければならなかったはずだ。動物は食料のあるところまで泳いだり歩いたりして行けるが、植物は食料（光）のある場所を知り、そこに向けて自身を生長させなければならない。

植物は、別の植物の陰になって光合成のための光が遮られているかどうかも知らなければならない。陰になっていると思えば、その植物より速く生長して明るいところに出ようとする。植物も生き物だから、繁殖しなければならない。そのためにはいつ種子を発芽させるか、いつ果実をみのらせるかを知る必要がある。多くの哺乳動物が春に出産するように、多くの植物が春に生長している。だんだん日の長さが伸びることをフィトクロムが感知すると、植物は季節が春になったことを知る。また、植物は雪が降り出す前の秋に果実を成熟させるが、夜がだんだん長くなることも、フィトクロムが感知してくれる。

概日リズムの進化的な起源

植物は生き残るため、つねに移り変わる周囲の環境に敏感でいなければならない。光の方角、量、持続時間、色を知らなければならない。つまり、電磁波を（ヒトにとって可視的なものも、そうでないものも）間違いなく感知しているということだ。ヒトも電磁波を感知するが、感知できる範囲は限定されている。植物はそれより短い波長のものも長い波長のものも認識する。植物はヒトより世界を広域に見ていることになるが、それを像として見ているわけではない。植物は光の信号を像に翻訳する神経系をもっていない。そのかわり、光の信号を生長のためのさまざまな指示に翻訳している。植物に「目」はない。[*2] ヒトに「葉」がないのと同様に。

受けとる器官が違うだけで、植物もヒトも光を感知している。

視覚とは、電磁波を感知する能力だけでなく、電磁波に反応する能力をも言う。ヒトの網膜にある杆体と錐体は光の信号を感知し、その情報を脳に送る。私たちはその情報に対して反応する。植物もまた視覚信号を生理的に認識可能な指示に翻訳することができる。ダーウィンが実験したクサヨシの話にしても、芽の先端が光を見るだけでは話はまだ半分で、その光の方向に曲がるという反応をしてはじめて完結する。その反応を起こすため、クサヨシは光の信号を何らかの方法で翻訳して、屈曲すべしという指示を出したのである。植物は何種類もの光受容体から発せられる複雑な信号を使って、移ろいゆく環境の中で自身の生長を最適化している。ヒトが四種類の光受容体を使って脳の中で像をつくり、移ろいゆく環境を理解し行動しているように。

もう少し広い視野で眺めてみよう。植物のフィトクロムとヒトの赤色フォトプシンはどちらも赤い光を吸収するが、同じ光受容体ではない。異なる成分でできている異なる蛋白質だ。ヒトが見ているのは動物にしかない光受容体を通したもので、スイセンが見ているのは植物にしかない光受容体を通したものだ。植物の光受容体もヒトの光受容体も光を吸収する化学色素と結びつく蛋白質でできているという点は似ているものの、光受容体を実際に機能させるのに必要な物理的条件は違う。

ところが驚くことに、植物と動物の視覚機構は数十億年かけて別々に進化してきたにもかかわらず、どちらもクリプトクロムという青色光受容体を有するという共通点がある。[*3] クリプトクロムは植物では屈光性に何の影響も与えないが、植物の体内時計を調整するなど生長に必要な役割をいくつか果たしている。動物と同じく植物にも体内時計のしくみが備わっていて、昼と夜の周期を調整している。ヒトの場合、体内時計は私たちの暮らし全般に作用して、いつ空腹を感じるか、いつトイレに行きたくなるか、いつ疲れを感じるか、いつ気力がわくかを決めている。こうした人体の一日の変化は概日リズムと呼ばれており、たとえ日光の一切入らない閉ざされた部屋で毎日を過ごしていても、ほぼ二四時間の周期で保たれている。飛行機で地球を半周すると、体内の概日リズムと実際の昼夜が同期しなくなるため、いわゆる時差ボケを起こす。概日リズムは光でリセットできるものの数日を要するため、時差ボケが直るまでには数日かかる。なお、旅行先で時差ボケを早くなくすには、暗いホテルの部屋で過ごすより屋外で日を浴びたほうがいい。

クリプトクロムは、ヒトの概日リズムを光によってリセットするとき中心的な役割を果たす青色光受容体だ。クリプトクロムが青い光を吸収し、いまは昼間だと細胞に伝える。ところで、植物にも葉の動きや光合成などを統制するための概日リズムがある。植物の昼夜周期を人工的に変えれば植物も時差ボケを起こし、ヒトのように不機嫌にこそならないものの、再調整するのに数日を要する。たとえば、葉が午後遅くに閉じて朝に開くという周期になっている植物があるとする。明暗の時間を人工的に逆転させると、その植物は最初のうち、暗いとき（それまで朝だった時間）に葉を開き、明るいとき（それまで夜だった時間）に葉を閉じる。しかし数日たつと、人工的な明暗周期に合わせて葉を開閉するようになる。

植物のクリプトクロムは、動物のクリプトクロムと同様、外部の光信号と体内時計を調和させるのに中心的な役割を果たしている。[14] クリプトクロムで概日リズムを調整するという基本的なレベルでは、植物もヒトも本質的に同じように青い光を「見て」いることになる。進化の観点からすれば、クリプトクロムの機能がこうして保たれていることにさほどの驚きはない。概日リズムは単細胞生物の進化において早くから、つまり動物と植物が枝分かれするより前から発達していたからだ。原初の生き物の「時計」はおそらく紫外線によるダメージから身を守る作用をしていたものと思われる。原初クリプトクロムは周囲の光を監視して、細胞を夜間に分裂させるよう促していたのだろう。なお現在でも、細菌や菌類などたいていの単細胞生物にはごく簡単な概日リズムが備わっている。光を感知する能力は原初クリプトクロムからあらゆる生き物へと受け継がれ、進化していき、やがて植物と動物では大きく違う視覚システムに分かれていったということだ。さて、つぎは、植物は匂いを嗅いでいるという話をしよう。

＊1　シロイヌナズナにあることがわかった少なくとも一一の光受容体は、五つのグループ（フォトトロピン、フィトクロム、クリプトクロム以外に、あと二グループ）に分類することができる。ほかの植物も同じ五グループを有しているが、グループごとに含まれる光受容体の数は多かったり少なかったりしている。

＊2　植物のうち最初期の形態である緑藻類には、眼点と呼ばれる細胞小器官がある。眼点は光の方角と強さの変化を感知するはたらきをしており、生き物の「目」として最も単純なものと考えられている。(11)

＊3　クリプトクロムの名はワイツマン科学研究所のジョナサン・グレッサルのジョークから生まれた。(12) グレッセルは、地衣類やスギゴケ、ゼニゴケ、マツモ、シダ、トクサ、藻類などを含む胞子植物（cryptogamic plants）という生物群の青色光に対する反応を調べていた。ほかの生物の青色光反応を調べていた研究者たちもそうだったが、グレッセル自身も、何が青色光受容体になっているのかわからなかった。数十年にわたってさまざまな研究がなされてきたものの、この受容体

の分離に成功した者はいなかった。つまり、不可解な（cryptic）存在だったのである。だじゃれ好きのグレッセルは、いまだ見つからない光受容体を「クリプトクロム」と呼ぶことを提案した。隠花植物以外の生物で同じことを調べていた研究者たちにとっては無念なことに、青色光受容体がついに分離された一九九三年、グレッセルのジョークは正式な学名となってしまったのである。(13)

2章　植物は匂いを嗅いでいる

言い伝えによれば、石も動き、木も話した。
——シェイクスピア『マクベス』より

植物は匂いを嗅いでいる。植物が匂いを出しているのは明らかだ——それによって動物やヒトを引きつけるのだから。それだけではなく、植物は自ら出す匂いや周囲の植物が出す匂いを検知する。自身の果実が熟れたとき、周囲の植物が庭師のハサミで刈られたとき、昆虫に食い荒らされたとき、匂いを嗅いでそれを知る。トマトとコムギの違いを匂いで区別している植物もある。植物の嗅覚は限定的で、視覚ほど広域に対応できるわけではないが、それでも生きるのに必要な大量の情報を受けとって伝えるという役割を立派に果たしている。

辞書で「嗅覚」[1]を調べると、「嗅覚神経への刺激を通じて匂いや香りを感知する能力」と定義されている。嗅覚神経が鼻の中にある匂い受容体につながる神経だということは、説明するまでもない。嗅覚を刺激するのは大気中に拡散している微小な分子だ。ヒトの場合、鼻の中にある細胞が揮発性の化学物質を吸収し、その信号を受けとった脳が情報処理してさまざまな匂いに対する反応を起こす。たとえば部屋の片側でシャネルの5番の香水瓶を開けると部屋の反対側にいる人がその匂いに気づくのは、香水から蒸発した化学物質が部屋の反対側まで拡散するからだ。大気中に揮散した分子はごくごく低濃度になっている。ところがヒトの鼻には、さまざまな化学物質に一対一で反応する数千の受容体が備わっている。その受容体一つに対してたった一個の匂い分子が結びつくだけで、私たちは匂いを感知することができるのだ。

ヒトが匂いを感知するためのしくみは、光を感知するときのしくみとは違う。ヒトは四グループの光受容体だけで絵具の全色を区別できる。だが、匂いの受容体には、特定の揮散性化学物質に結びつくよう設計された数百種類もの「型」がある。

鼻にある匂い受容体が化学物質とどう結びつくのかは、いわゆる「鍵と鍵穴モデル」で説明できる。化学物質はそれぞれ特有の形をしており、それは特定の受容体蛋白質の形とぴったり合う。鍵と鍵穴がかみ合ってはじめて錠が外れるように、ある化学物質が特定の受容体とかみ合うと、それがきっかけとなって信号がつぎつぎ発せられ、脳内でニューロンが活性化する。私たちはそれで匂い受容体が刺激されたことを知る。つまり、特定の匂いとして認識する。科学者たちはこれまでに、メントール（ペパーミントの主成分）やプトレシン（死体から発する悪臭のもと）など、匂いのもととなる化学物質を何百種類も特定してきた。しかし、私たちが嗅ぐ匂いは通常、複数の化学物質の混合体だ。たとえば、ペパーミントの香りの約半分はメントールによるものだが、残りは三〇種類以上もの化学物質から成っている。美味しいスパゲティ・ソースや芳醇な赤ワインの香り、新生児の匂いなどをさまざまに表現できるのは、多くの匂い成分が複雑に混じり合っているからだ。

植物の場合はどうなのだろう？　辞書の「嗅覚」の定義は、植物のことまで含めていない。植物は、私たちが想定する嗅覚の世界において無関係だと思われてきた。植物には神経系がないし、そもそも「鼻」にあたるものもない。でも、辞書の定義から神経の部分を引いて「刺激を通じて匂いや香りを感知する能力」とすれば、植物も立派に嗅覚をもっていることになる。では、植物はどんな匂いを感知して、その匂いに対してどんなふるまいをしているのだろう？

エチレンの信号

私の祖母は植物学も農学も勉強したことがない。高校すら卒業していない。でも、まだ固いアボカドを柔らかくする方法を知っている。熟したバナナといっしょに茶紙の袋に入れておくのだ。祖母はこの方法を曾祖母から教えられた。曾祖母は高祖母から……。いや実際、この方法は大昔から存在していた。古代社会では果物を熟させるのにさまざまな方法を使っていた。古代エジプト人は、イチジクの実を収穫したあと、まず二、三個に深く切れ目を入れておくと、残りの実すべてが熟すことを知っていた。古代中国では、まだ固いナシの果実を収納した倉庫でお香を焚くという儀式をして、果実を熟させていた。

二〇世紀初期のフロリダ州の農家では、倉庫に保管した柑橘類を熟させるため、石油ストーブで倉庫内を暖めていた。当時の農家は果物の完熟を促しているのは熱だと信じていて、そのこと自体はもちろん理屈が通っていた。農家はあるとき、石油ストーブのかわりに電気ヒーターで暖めてみた。だが柑橘類はさっぱり熟さなかった。熱でないとすると、石油ストーブの何が完熟を促していたのだろうか？

何が、というのは一九二四年にわかった。アメリカ農務省の科学者フランク・E・デニーがロサンゼルスで、石油ストーブの煙にエチレンという物質がわずかに含まれていること、純粋なエチレンガスにさらすとどんな果物でも熟しはじめることを発見した。(2) デニーの実験で使われたレモンは、大気中に一億分の一という微量のエチレンガスが存在しただけで反応した。さらに、古代中国で儀式に使われていたお香にもエチレンが含まれていることがわかった。この現象をわかりやすく説明すると、果物はお香の中にあるごくわずかなエチレンの「匂いを嗅いで」、完熟を急がせる合図にしたということになる。私たちは、隣の家のバーベキューの匂いを嗅ぐと口の中に唾液がたまる。それと同じように、植物は大気中にエチレンを感知すると果実を柔らかくする。

しかし、この説明だけではつぎの二つの重要な問いには答えられない。まず、植物はそもそも、なぜ煙の中のエチレンに反応するのか？　そしてもう一つ、私の祖母が二種類の果物をいっしょに袋に入れたことや、古代エジプト人がイチジクに深い切れ目を入れたことと、どういう関係があるのか？　答えの一部は、一九三〇年代にケンブリッジのリチャード・ゲインがおこなった実験から得られた。[3] ゲインは熟しているリンゴの周囲に漂う気体を分析し、エチレンが含まれていることを見つけたのだ。この研究が呼び水となり、一年後にはコーネル大学のボイス・トンプソン研究所の研究グループが、エチレンは果実の完熟をつかさどる植物全般に共通するホルモンではないかという説を唱えた。その後の数々の研究により、イチジクはもちろん、すべての果物がこの有機化合物を放出しているとわかった。エチレンは、煙の中に含まれているだけでなく果物からも出ている。古代エジプト人がイチジクに切れ目を入れたとき、そこからエチレンガスが漏れ出して、ほかのイチジクの完熟を促した。熟れたバナナを固いナシと同じ袋に入れておくと、ナシはバナナから発せられたエチレンの「匂いを嗅ぎ」、実を熟す態勢に入る。二種類の果物は互いに自身の状態を伝え合っているのだ。

もちろん、果物間でのエチレン信号はそれを食べる人間のために進化したのではない。たしかに私たちはエチレンのおかげでいつでも好きなときに熟したナシを食べられるが、このホルモンは元来、植物自身が干ばつや外傷など周囲から受けるストレスに対応するための調整剤として発達させてきたもので、コケを含むすべての植物で生涯を通じて産生されている。とりわけ、植物の老化作用に重要な役割を果たしている。秋の紅葉など葉の色が変わるときもエチレンが出るし、果実が熟すときにはそれこそ大量に出る。リンゴが熟すときにつくられるエチレンは、そのリンゴ一個を均一に熟させるだけでなく、横にあるリンゴも熟させる。するとそのリンゴがまたエチレンを放ち、さらに周囲のリンゴを熟させるという連鎖反応を引き起こす。この現象は生態学的に見ると、種子の拡散を確実にするという長所がある。果実を動物に食べてもらうには、「食べごろ」のフルーツをずらりと並べたマーケットを開いて動物を呼び込むのが得策だ。マーケットに集まってお腹をいっぱいにした動物は、思い思いの場所に出かけたり、巣に戻ったりする途中で種子を糞に混ぜて落としていく。

食の好みにうるさい寄生植物

アメリカネナシカズラは、あなたが植物と聞いてイメージするような植物ではない。ひょろ長くオレンジ色をした「つる植物」で、草丈三フィートほど、五枚の花弁をもつ白い小さな花を咲かせる。この草は北米大陸全域で見られる。ネナシカズラの何が変わっているかといえば、植物なのに葉がなく、緑色をしていないことだ。植物を緑色たらしめているのは葉緑素で、葉緑素が太陽エネルギーを吸収し、二酸化炭素と水から糖と酸素をつくるのが光合成だ。ネナシカズラにはその葉緑素がないから、光合成することができない、つまり、光を用いて食料をつくることができない。そのままでは飢え死にしそうなものだが、ネナシカズラは立派に繁栄している。この植物は生き延びるため、別の方法を採用した。周囲にいる植物に寄生する、という方法だ。ネナシカズラは宿主の植物にからみつき、寄生根を宿主の茎の維管束(いかんそく)に挿し込んで、そこから栄養を吸う。

当然ながら農家にとっては迷惑な存在で、アメリカ農務省から「有害な雑草」に分類されている。しかし、ネナシカズラには食べ物の好き嫌いがある。寄生する植物を選ぶのだ。

ネナシカズラがなぜそれほど食の好みにうるさいのかを考える前に、どうやって寄生しているのかを見てみよう。ネナシカズラの種子はほかの植物の種子と同じように発芽する。土の上に置いておくと種子の皮が割れ、芽は空中方向に伸び、根は土の中を掘り進む。だが、発芽後すぐに寄生する相手を見つけなければそのまま枯れ死ぬ。ネナシカズラの芽は先端で円を描くように伸びながら暗がりで寄生相手を探す。私たちが夜中に蛍光灯のスイッチのひもをたぐろうとするときのように。最初はでたらめに動いているように見えるが、いったん別の植物、たとえばトマトがそばに生えているのを知ると、すばやくトマトのほうに方角を定める。くるくると若芽を伸ばし、やっとトマトの葉にまでたどりついたと思いきや、葉には触れずに

アメリカネナシカズラ（*Cuscuta pentagona*）

その下にもぐり込み、茎を探し当てる。最後の仕上げは茎のまわりに巻きついて、トマトの維管束の師部（糖を移動させている通路）に微細な管を挿し、そこから糖を吸い込む。こうしてネナシカズラは生長を続け、最終的には花を咲かせる。そうそう、栄養を吸いとられたトマトのほうは、ネナシカズラが育つのと引き換えに枯れていく。

コンスエロ・デ・モラエスは、このようすを動画に収録した。[*4] 彼女はペンシルヴァニア州立大学の昆虫学者で、昆虫と植物のあいだで、また植物どうしで交わされる揮散性化学物質の信号について研究している。ネナシカズラの寄生相手の見つけ方も研究テーマの一つだ。[(4)] 実験の結果、ネナシカズラのつるは植物を植えていない鉢や偽物の植物を植えた鉢に向かってはぜったいに伸びないことがわかった。しかし、トマトを植えた鉢があれば——光があろうと真っ暗だろうと——かならずその方向に伸びる。デ・モラエスは、ネナシカズラはトマトの「匂いを嗅いで」いるのだと仮説を立てた。その仮説を検証するため、デ・モラエスと学生たちはネナシカズラを植えた鉢を密閉できる箱に入れ、トマトの鉢も別の箱に入れた。そして二つの箱に穴を開けて管でつなぎ、管を伝って空気が行き来するようにした。すると、ネナシカズラはかならず管のある方向に伸びる。ということは、トマトは匂いを出していて、ネナシカズラはそれを管越しに嗅いでいると考えられる。

ネナシカズラがほんとうにトマトの匂いを追いかけているのなら、トマトの匂いを発散させる「香水」をつくれば、それだけでネナシカズラを引きつけられるのではないかとデ・モラエスは考えた。彼女はトマトの茎を搾汁したものでトマトの「香水」をつくり、それを綿棒に浸し、綿棒を鉢に挿してネナシカズラのそばに置いた。比較のため、トマトの「香水」をつくるときに使用した各種溶剤を浸した綿棒を挿した鉢も数種類用意し、同じくネナシカズラのそばに置いた。結果は予想どおり、ネナシカズラはトマトの「香水」をつけた綿棒のほうにだけ伸びて、それ以外の綿棒には見向きもしなかった。

ネナシカズラは明らかに、匂いを嗅いで食べ物を探している。だが、先ほども触れたように食べ物に好き嫌いがある。トマトとコムギなら、トマトを選ぶ。トマトを植えた鉢とコムギを植えた鉢を等距離でネナシカズラの鉢の近くに置いておくと、ネナシカズラはかならずトマトのほうに行く。本物を植えた鉢でなくてもいい。トマトの「香水」とコムギの「香水」でも同じ結果になる。

化学的な成分という点でトマトの「香水」とコムギの「香水」はかなり似ている。どちらの成分もβミルセンという揮散性化学物質（匂い物質として知られる数百の化学物質の中の一つ）で、これ単独でネナシカズラを引きつけることができる。では、なぜ好き嫌いが出るのだろう？　一つには、香りの複雑さの違いがある。トマトはβミルセン以外にもネナシカズラを引きつける揮散性化学物質を二つ発しており、全体としてネナシカズラを引きつけてやまないものになっている。いっぽう、コムギにはその二種類の物質がない。βミルセンのみである。コムギはさらに、ネナシカズラを撃退するＺ３ヘキセニルアセテートという物質もつくっており、これがβミルセンの引き寄せ効果を打ち消す。その結果、ネナシカズラはZ3ヘキセニルアセテートの匂いのするコムギに向かっては伸びない。

葉は盗み聞きするのか?

一九八三年、二組の研究チームが植物のコミュニケーションに関する驚くべき発表をした。彼らの発見は、あらゆる植物――ヤナギからライマメまで――に対する私たちの理解を大きく変えることになった。木々が、葉を食べる昆虫の襲来について互いに警告し合っている、というのだ。研究結果そのものはどちらかといえば淡々としたものだったが、それが意味するものは人々を驚かせた。このニュースは、「木は会話する」という概念とともにあっというまに一般社会に広まり、科学誌『サイエンス』のみならず世界中のおもな新聞の紙面を飾った。

ワシントン大学のデヴィッド・ロウズとゴードン・オライアンズはあるとき、不思議なことに気づいた。毛虫の襲撃を受けたヤナギの木のすぐ近くにあるヤナギの木の葉には、あまり毛虫がついていない。しかし、被害に遭った木から離れたところにある木の葉にはやはり毛虫がついている。毛虫がついていない葉には、フェノール系とタンニン系の化学物質が含まれていることをロウズは発見した。(5) 傷んだ木と健康な木には、根を共有していたり枝が触れ合っていたりといった接点は何もない。傷んだ木は周囲の木に、空気を通してフェロモン信号を送っているのではないか。先に被害に遭った木は、まだ被害に遭っていない木に「気をつけろ、身を守るんだ！」という警告を発しているのではないか、とロウズは推論した。

そのわずか三か月後、ダートマス大学の研究者であるイアン・ボールドウィンとジャック・シュルツがロウズの報告を裏づける内容の論文を発表した[6]。ボールドウィンとシュルツは以前からロウズと知り合いで、ロウズとオライアンズが自然界で観察したことを、厳密にコントロールした条件下で実験することにした。実験は、ポプラとサトウカエデの苗（草丈はおよそ一フィート）を透明なアクリル樹脂製の密閉容器二つに分けて育てて、比較するというものだった。一番目の容器には、二枚の葉を引き裂いた苗を一五体と、損傷のない健康な苗を一

セイヨウシロヤナギ（*Salix alba*）

五体、混在させた。二番目の容器は対照用で、健康な苗だけを入れてある。二日後、傷んだ苗の残りの葉でいくつかの化学物質の濃度が上昇していた。その中には毛虫の成長を阻害することで知られているフェノール系やタンニン系の化学物質が含まれていた。対照用の容器に入れた葉には、これらの物質の濃度上昇は見られない。もう一つ注目すべきは、一番目の容器に入っていた健康な木の葉でもフェノール系とタンニン系の化学物質が急増していたことだ。ボールドウィンとシュルツは、何にせよ傷んだ葉は――この実験のように引き裂かれた場合でも、ロウズの観察のように毛虫に食われた場合でも――ガス状の合図を放出し、まだ傷んでいない苗にメッセージを送っているのだと考えた。メッセージを受けとった苗は、差し迫っている虫の襲撃に備えて防御態勢に入ったのだ、と。

ありがちなことだが、こうした植物間シグナルの初期の研究報告は、科学界の他の研究者たちから否定された[7]。正しい対照実験になっていない、あるいは結果は正しいが過大な解釈をしている、などと言われて。いっぽう、一般向けの新聞は、「話をする木」という概念に飛びついて、研究結果を擬人化して大々的に伝えた[8]。『ロサンゼルス・タイムズ』もカナダの『ザ・ウィンザー・スター』もオーストラリアの『ジ・エイジ』も、「新発見、木々は会話している」「しーっ、静かに。植物が耳を傾けて聞いている」といった大げさな見出しをつけた。『サラソタ・ヘラルド・トリビューン』は、「木々は話し、互いに応答していると科学者は信じている」と一面で報じた。『ニューヨーク・タイムズ』は一九八三年六月七日の社説でとり上げ、「木々が話すとき」という見出しのもと、「葉枯れ病以上に不気味な現象」という推論を展開した。これだけメディアが大騒ぎしても、当時の科学界はボールドウィンらが提示した化学物質によるコミュニケーションの説を受け入れなかった。しかし月日は過ぎ、植物が匂いを通じて会話している現象は過去一〇年で続々と報告されるようになった。報告された植物は、オオムギ、ヤマヨモギ、ハンノキなど多種に及ぶ。最初に論文を発表したときはまだ大学出たての駆け出し化学者だったボールドウィンも、いまや立派な学者となっている。[*5]

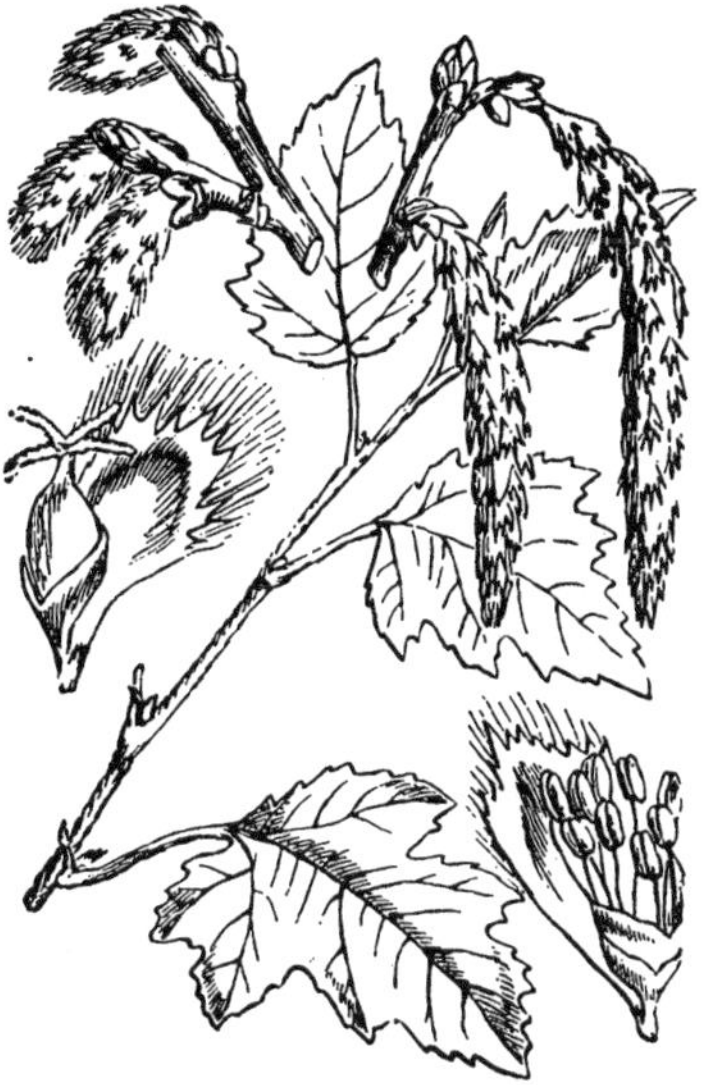

ポプラ（*Populus alba*）

植物が大気中に化学物質による信号を放出して他の植物と影響を与え合っている現象は、いまでは一つの科学理論として認められるようになったが、まだ疑問は残っている。植物はほんとうに互いにコミュニケーションしている、つまり差し迫る危険を意図的に教え合っているのだろうか。あるいは単に、傷んだ木がつぶやく独り言を、健康な木が盗み聞きしているだけなのだろうか。植物が匂いを放つというふるまいは、会話にあたるものなのだろうか。それとも、ちょっと通俗的な言い方をするならおならをするようなものなのだろうか。植物が周囲に助けを求めたり警告を出したりしていると考えるのは、たとえ話としては美しいが、はたしてそれがシグナルを出すことの本来の意図なのだろうか？

この疑問を解明しようと、メキシコのイラプアトにある先進研究センターのマーティン・ハイル率いる研究チームは、数年前から野生種のライマメ（リママメ）を調べている(9)。ライマメは、甲虫に食われると二つの反応をすることが知られていた。食われた葉は、揮散性化学物質を大気中に放出する。そして花は、甲虫から直接攻撃されていないにもかかわらず、甲虫の天敵である昆虫を引きつける蜜を産生する*6。ハイルは若手研究員だった二〇〇〇年ごろ、ボールドウィンのいるドイツのマックス・プランク化学生態学研究所で働いており、ライマメがなぜこうした化学物質を発しているのかと疑問に思った。

ハイル率いる研究チームが設計した実験はこうだ。甲虫がつかないように離していたライマメの木を、甲虫に食われたライマメの木のそばに置く。そしてつぎに述べるように四枚の葉を選んで、その周囲の大気成分を連続的に測定する。一枚目と二枚目は、食われたライマメの木から、食われた葉と食われていない葉を選んだ。三枚目は食われた木のそばに置いた健康な木の葉。四枚目は、甲虫からも食われた木からも離した場所に置いた健康な木の葉だ。大気成分の測定に用いたのは、ガスクロマトグラフ質量分析法だ。香水会社が新しい香水を開発するときに使用する、またテレビドラマの『CSI：科学捜査班』でもよく登場する高度な技法である。

　結果は、食われた葉と同じ木の健康な葉からは基本的に同じガスが出ており、離した場所に置いてある木の葉の周囲にはそのガスはなかった。さらに、食われた木のそばに置いた健康な木の葉の周囲にも、食われた木と同じガスが出ていた。実際、食われた木のそばの健康な木は甲虫の被害にあまり遭わなかった。

野生種のライマメ（*Phaseolus lunatus*）

　ハイルはこの一連の実験で、食われた葉のそばにある葉は甲虫に食われにくいという以前からおこなわれていた研究結果を追認した。しかし、食われた木がほかの木に警告するために「話している」とは思えなかった。そうではなくて、一本の木における葉どうしが自身を守るために出しているシグナルを、近くにある木は嗅覚を使って「盗聴」しているのではないか、と彼は提唱した。

彼はこの仮説を確かめようと、先の実験に少し変更を加えた。食われた木と食われていない木を近くに置くところまでは同じだが、食われた葉にビニール袋を二四時間かぶせたのである。そして、先の実験と同じく四種類の葉を調べると、今度は異なる結果が出た。食われた葉は先の実験と同じ化学物質を発していたが、同じ木の別の葉も、近くにある木の葉も、その物質を発していなかった。

つぎに、食われた葉を覆っていたビニール袋を開け、コンピュータ過熱防止用の空冷ファンで、二方向に風を吹きかけて比べる実験をした。一方は同じライマメの茎の上部に向けて、もう一方は同じライマメには風がかからないよう別の方向に逃がすようにして。そしてそれぞれ、茎の上部にある葉から出るガスと、花から出る蜜の量を測定した。食われた葉から風を送り込まれた葉は、食われた葉と同じ物質を発するようになり、蜜も出てきた。風を送り込まれていない葉は何も変わらなかった。

この結果、同じ木の葉でも、食われた葉から出るガスを受けとらなければ、ほかの葉は防御態勢に入らないということがわかった。つまり、ある葉が害虫や細菌の攻撃を受けると、その葉は匂いを出して兄弟の葉に警告する。古代中国の万里の長城で、見張り台の衛兵がのろしを上げて敵の襲来を知らせていたのと同じだ。ライマメは自身の葉を差し迫った襲撃から守るために匂いを出して、自身の生存を確保しているのだ。

では、近くにいる別の木は？　食われた木のすぐ近くにいれば、兄弟の葉がしている

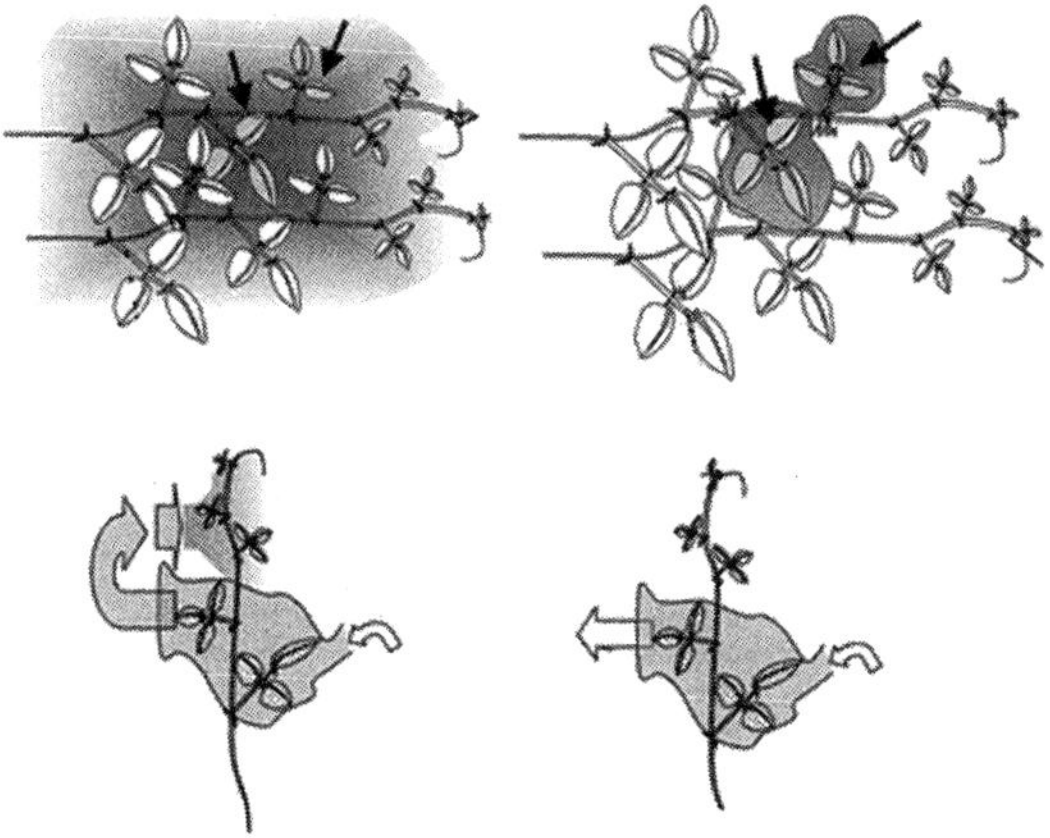

ハイルの実験の図解。上側の２つの図で、甲虫に食われた葉はグレーで示してある。左上の図では、食われた葉と同じ木の葉の周囲にも、近くにある木の葉の周囲にも、同じ化学物質が漂っている。右上の図では、食われた葉がビニール袋で覆われているため、どちらの木の葉の周囲にも化学物質が漂っていない。下側の図は２番目の実験。左下は、食われた葉から出たガスを同じ木の別の葉に吹きかけた図。右下は、同じ木の葉に吹きかからないよう別の方向にガスを逃がした図。

「会話」を盗み聞きできる。その情報を自分を守るのに利用しない手はない。自然界では、この嗅覚信号は少なくとも二フィート先まで届く（ほかの揮散性信号は、化学物質の特性しだいでこれより短い場合も長い場合もある）。密生を好むライマメにとって、ご近所の仲間にトラブルが生じたことを知るには、これだけ届けば十分だ。

　ご近所が虫に食われたときにライマメは具体的に何の匂いを嗅いでいるのだろう？　ライマメの「香水」は、ネナシカズラの実験で使ったトマトの「香水」と同じく、香りが複雑に混じり合っている。二〇〇九年、ハイルは韓国の研究仲間と共同して、化学メッセンジャーを特定しようと被害を受けた葉から放出されるさまざまな揮散性物質を分析した[10]。そして、ほかの葉とのコミュニケーションに明らかに関与している一つの化学物質を特定した。さらに、細菌による感染症にかかった葉から出ている物質と、虫に食われた葉から出ている物質を比べると、どちらも似たような揮散性物質を出していたが、共通しない物質が二つあった。細菌にやられた葉はサリチル酸メチルを出していたが、虫に食われた葉は出していない。反対に、虫に食われた葉はジャスモン酸メチルを出していた。

サリチル酸メチルはサリチル酸と構造がよく似ている。サリチル酸はヤナギの樹皮に大量に見つかる。古代ギリシャの医学者ヒポクラテスは、いまでこそサリチル酸として知られているヤナギの樹皮からとった苦い物質について、鎮痛や解熱の効果があると記述している。古代中東の一部社会やアメリカ先住民もヤナギの樹皮を薬にしていた。現在では、サリチル酸はアスピリン（アセチルサリチル酸）の前駆体として、また、にきび防止用洗顔料の主成分として有名だ。

たしかにヤナギはサリチル酸を産生することで知られており、ヤナギからは長年にわたってこの物質が抽出されてきた。しかしどんな植物も、量の違いはあれサリチル酸を産生している。植物はサリチル酸メチルもつくり出す。なおサリチル酸メチルは、鎮痛用軟膏「ベンゲイ」の有効成分でもある。でも、なぜ植物は、鎮痛剤や解熱剤をつくっているのだろう？　サリチル酸にかぎらず、植物は人間のために化学物質をつくっているわけではない。植物にとってサリチル酸は免疫機構を増強する「防御ホルモン」だ。植物は病原菌やウイルスの攻撃を受けたときにサリチル酸をつくる。サリチル酸は水溶性で、感染したまさにその場所で放出され、病原菌がいるという合図を脈管を通じて全身に送る。感染していない部分では、病原菌を殺すか少なくとも感染の広がりを止めるようなさまざまな対応を開始する。感染部位の周囲に死んだ細胞のバリアを築いて、病原菌が移動するのを防ぐという対応をする植物もある。このバリアは白い斑点となって葉の上に出るので、あなたも見たことがあるかもしれない。白い部分は感染をそこで食い止めるために、細胞が自殺した場所なのだ。

広義に解釈するなら、サリチル酸は植物でもヒトでも同じように機能している。植物は病原菌に感染したとき、サリチル酸で対抗する。ヒトは発熱や痛みを引き起こす感染症にかかったとき、古代からサリチル酸を使ってきた。現代でも、サリチル酸から派生したアスピリンを使っている。

ハイルの実験に話を戻すと、ライマメは細菌にとりつかれるとサリチル酸の揮散形であるサリチル酸メチルを放出していた。これは、ウイルスに感染したタバコがつくる揮散性物質の大部分がサリチル酸メチルであることを一〇年前に示した、ラトガーズ大学のイリヤ・ラスキンらの研究を裏づけることとなった[11]。植物は水溶性のサリチル酸を揮散性のサリチル酸メチルに変えることができる[12]。その逆も可能だ。サリチル酸とサリチル酸メチルの違いは、植物はサリチル酸の味を感じ、サリチル酸メチルの匂いを嗅ぐ、と覚えておくといい。プロローグでも述べたが、味覚と嗅覚は相互に関連のある感覚だ。味覚は水溶性の分子を舌で感じること、嗅覚は揮散性の分子を鼻で感じることである。

ハイルは感染した葉をビニール袋で覆って、サリチル酸メチルが健康な葉に（同じ木の葉であれ、ご近所の別の木の葉であれ）漂っていかないようにした。そして、感染した葉の周囲の空気を吹き込む形で健康な葉をサリチル酸メチルにさらすと、健康な葉はその表面にある気孔からサリチル酸メチルを吸い込む。葉の中でサリチル酸メチルはふたたびサリチル酸に変わり、病気と闘うのに使われる。*7

植物はコミュニケーションしているのか？

植物と香りは切っても切れない関係にある。夏の日に庭園の小道を歩いているときのバラの花の香り、春の終わりに芝刈りをしたときの草の香り、夜に花が咲くジャスミンの香り。無数の匂いが混じり合う農作物直売マーケットでとりわけ鼻をつく、熟れたバナナの甘い匂い。私たちは果物が食べごろかどうか、見なくても匂いを嗅いだだけでわかる。植物園に行って世界最大の花、スマトラオオコンニャクに出合えば、世界最強の不快な臭いに顔をしかめる。この花は別名「死体花」とまで呼ばれるが、幸いなことに、数年に一度しか咲かない。

こうした植物の匂いは、多くが動物との複雑なコミュニケーションに使われている。

受粉を媒介する虫を花におびき寄せたり、種子を拡散してくれる動物に果実を食わせたりするために。ノンフィクション作家のマイケル・ポーランが指摘したように、植物の匂いはヒトをも誘惑して、チューリップを世界中に広めさせた[13]。だが、これまで見てきたように、植物は明らかに植物どうしで匂いを嗅ぎ合っている。

もちろんヒトも大気中の揮散性物質を感じる力をもっている。私たちは鼻でいろいろなもの、とりわけ食べ物の匂いを嗅ぐ。ただし私たちの「嗅覚」は、美味しいものの匂いを嗅ぐだけではない。「危険な匂いがする」とか「トラブルを嗅ぎつける」といった表現が示すように、匂いは記憶や感情と強く結びついている。鼻の中にある匂い受容体は、脳の辺縁系（感情コントロール・センター）に直結している。この辺縁系は、進化的に見たとき、脳の中のいちばん古い部位にあたる。ふだん意識することこそないものの、植物と同じく私たちもフェロモンを通してコミュニケーションしている。

スマトラオオコンニャク
(*Amorphophallus titanum*)

ある人物から発せられたフェロモンは、別の人物の行動や生理的反応を引き起こす。ヒトにかぎらずサルでもハエでも、社会階級を確認したり交尾相手を呼び寄せたり不安を伝えたりするのにフェロモンを使う。私たちは匂いを嗅ぐだけでなく、自ら匂いを出して周囲にメッセージを発している。たとえば、居住を共にしている女性たちの月経周期が重なりやすいのは、汗から出る匂いが合図になっているからだということが判明している。近ごろ『サイエンス』誌には、感動的な映画を見て泣いた女性から採取した涙の匂いを男性に嗅がせると、その男性はテストステロン値が減少し性的興奮の度合いが低下したという、ある意味挑発的な研究結果が報告された[14]。ごくわずかな嗅覚信号が心理状態に影響を与えている可能性を示唆する、興味深い研究である。

植物も動物も大気中の揮散性物質をたしかに感じとっている。だがこれは、植物による嗅覚と考えていいのだろうか？　植物には嗅覚神経も、信号を解釈する脳もない。二〇一一年現在、揮散性物質をキャッチする植物の受容体として見つかっているのは、エチレン受容体ただ一つだ。それでも、熟する果物や、ネナシカズラや、ハイルが実験したライマメや、その他自然界にある植物はみな、私たちと同じようにフェロモンに反応している。植物は大気中の揮散性物質を検知し、その信号を生理的反応に変換している。これはまさに、嗅覚と考えていい。

さて、植物は嗅覚神経がなくても匂いを嗅ぐことができるとわかった。同様に、感覚神経がなくても「感じる」ことはできるのだろうか？

＊4　動画はつぎのサイトで見ることができる。http://www.youtube.com/watch?v=

NDMXwa0D9E

＊5　ボールドウィンは現在、ドイツのイエナにあるマックス・プランク化学生態学研究所で分子生態学の責任者を務めている。

＊6　甲虫を食べる昆虫は植物と共進化しており、草を食べる生き物に食われた植物が発する揮散性物質を、そこに食べ物があるという合図として認識する。

＊7　ジャスモン酸メチルの話は省略してしまったが、しくみはほとんど同じである。ジャスモン酸メチルは防御ホルモンの一つ、ジャスモン酸の揮散形で、草を食べる生き物に葉が食われると放出される。

3章　植物は接触を感じている

私は百花に触れる。そして、一本も摘まない。
――エドナ・セント・ヴィンセント・ミレー『丘の上の午後』より

私たちは日々の暮らしの中で植物と触れ合っている。公園の芝生で昼寝をするときや、シルクのシーツに摘みたてのバラの花びらを散らすとき、私たちは植物の柔らかさと心地よさを楽しむ。反対に、厄介で不快だと感じることもある。黒イチゴを求めて森の中を歩くときにはトゲのある植物に気をつけなければならないし、道端に切り株があれば、つまずかないよう避けて歩かなければならない。しかし、たいていの場合、植物は受け身の対象物だ。ちょっかいを出すとすれば、それはあくまで私たちの側で、植物はされるがまま、じっとしている。私たちはデイジーの花びらをむしる。見苦しい枝を刈り込む。でも、もし、植物が人間に「さわられている」ことを知っているとしたら?

意外かもしれないが、植物はさわられたことを知っている。いつさわられたかを知っているだけでなく、触れたものが熱いか冷たいかまで区別でき、風に枝が揺れたときもそれがわかる。植物には、じかに接触したことを感じる力がある。つる植物は、巻きつくことのできるフェンスに触れたとたんに急生長を開始する。ハエトリグサは葉の上に昆虫がやってくると、葉を閉じて捕食する。そうそう、植物は過度に触れられることを好まないようだ。あなたがさわったり揺らしたりするだけで、その植物は生長を止めてしまうことがある。

もちろん、植物が「感じる」というときの「感じる」は、私たちが日常で使っている、悔しさを感じたとか、転職の可能性を感じたとかいうときの「感じる」とは違う。植物は自身の感情や精神状態まで認識できるわけではない。しかし、触覚は感知できる。中にはヒトよりずっと触覚がすぐれている植物もある。アレチウリは、ヒトの一〇倍も敏感だ。アレチウリのつるは重さ〇・二五グラムしかない微細な繊維にも反応し、それを合図にそばにある物体に巻きつくというのに、ヒトは重さ二グラムの繊維にならなければ指先で触覚を感じられないのだから。こうした感度の差は別にして、植物と動物の触覚にも共通点がある。

私たちの触覚は、さまざまな刺激を伝える。やけどをしたときのひりひり感から、そよ風を受けたときの心地よさまで。何かに触れたとき、神経は活性化してその触覚の種類——圧、痛み、温度、その他——を信号にして脳に送る。身体触覚はすべて、皮膚や筋肉、骨、関節、内臓にある特別な感覚ニューロンにより神経系を通じて伝えられる。感覚ニューロンにはさまざまなタイプがあり、それに応じて私たちは激痛、くすぐったさ、熱っぽさ、軽いタッチ、鈍い痛みなどさまざまなことを感じる。各種の光受容体が異なる光に特異的に対応しているのと同じように、各種の感覚ニューロンも異なる触覚に特定の反応をするようにできている。あなたの腕にアリが這っているときと、スパでスウェーデン・マッサージを受けているときでは活性化している受容体は別で、冷たさを感じる受容体と熱さを感じる受容体も別だ。ただし、神経系の伝達方法は基本的に同じだ。指で何かに触れたとき、触覚受容体（専門用語で機械的受容器という）はその信号を、中継用のニューロンを経由して脊髄にある中枢神経系に送る。そこからはまた別のニューロンが信号を脳に伝え、私たちはやっと「何かにさわった」ことを知る。

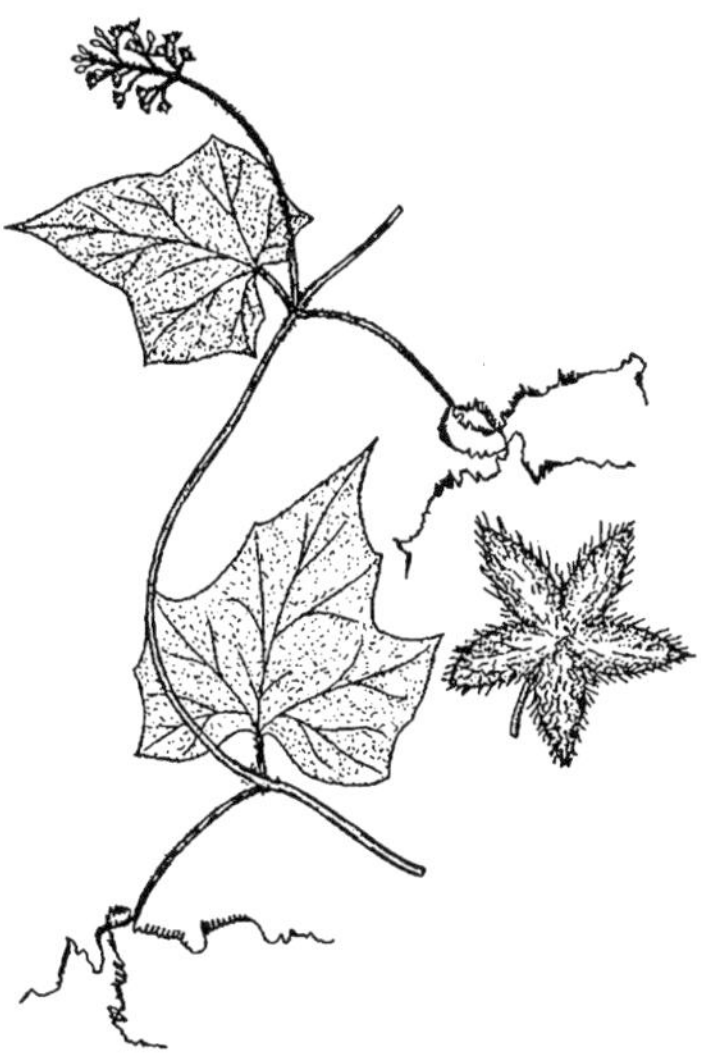
アレチウリ（*Sicyos angulatus*）

神経伝達の方法はどんなニューロンでも同じ、電気である。発端となる刺激は、脱分極という電気反応を引き起こし、ニューロンの端から端まで伝わる。この電気の波は隣り合う別のニューロンに引き継がれる。そのニューロンからまた別のニューロンにというように順次伝達されて、信号はついに脳に達する。この道筋のどこかに障害、たとえば脊椎損傷などがあると信号が脳まで伝わらず、関連する部位（手足など）の感覚を喪失する。

電気による信号伝達のメカニズムは複雑だが、基本原理は単純だ。たとえば電池は、異なる区画に異なる電解液を収納することで帯電状態になっている。細胞も同じように、細胞の内外で各種の塩の量が異なることで帯電している。細胞の外側ではナトリウムが多く、内側ではカリウムが多い。余談ではあるが、だからこそ私たちは、食事内容の塩分バランスに気をつけなければならないのだ。さて、あなたの親指がキーボードのスペースキーに触れるなどして機械的受容器が活性化すると、接触点近くにある細胞膜の特定の通路（チャネル）が開いてナトリウムが細胞内に入ってくる。ナトリウムの移動は電荷を変える。これが合図となって別の通路が開き、ナトリウムの流入を増やす。その結果、脱分極が起こって、それが海の上を波が走るようにニューロンの端から端まで伝わる。

ニューロンの端の、隣り合うニューロンとの接点では、活動電位がもう一つのイオンであるカルシウムの濃度を急激に上昇させる。このカルシウム濃度の急上昇があるからこそ、活性化しているニューロンから神経伝達物質を放出して隣り合うニューロンに届けることができる。神経伝達物質が二番目のニューロンに結合すると、新しい活動電位の波を生む。こうした電気的活動の波が神経伝達を支えており、それは受容体から脳へのルートでも、脳から筋肉へのルート（筋肉を動かすという指令）でも変わらない。病院でおなじみの心臓モニターは、心臓の機能に関係する電気的活動をグラフにしたものだ。

これにより、医者は患者の心臓で電気的活動の波がくり返されていることを確認する。機械的感覚ニューロンも同じような電気的活動の波を脳に送る。そしてその波の幅は刺激の強さに相当する。

しかし、接触と痛みは生物学的に同じ現象ではない。痛みは、単に触覚受容体から発せられる信号が増大して起こるのではない。ヒトの皮膚にはさまざまな触覚に対応する受容体があるが、それ以外にさまざまな痛みに対応する受容体も存在する。痛み受容体（侵害受容器）は触覚受容体（機械的受容器）よりも、脳に活動電位を送るのに強い刺激を必要とする。なお、アドビルやタイレノールといった鎮痛剤は、機械的受容器の信号には関与せず、侵害受容器から発せられる信号だけを抑えるように作用する薬だ。

つまり、ヒトの触覚は、局所の細胞と、脳という二つの部位における活動が組み合わさったものだ。細胞は、圧を検知してそれを電気化学信号に変え、脳に送る。脳は、その電気化学信号を処理して特定の感情タイプとして認識し、対応を命じる。では、植物ではどうなのだろう。植物には機械的受容器が存在しているのだろうか？

ハエトリグサの罠

別名ハエジゴクとも呼ばれるハエトリグサ[*8]は、触覚に反応する典型的な植物だ。ハエトリグサは、アメリカのノースカロライナ州からサウスカロライナ州にかけての湿地帯に生育している。ここの土壌は窒素とリンが不足している。ハエトリグサはここで生き延びるため、太陽光だけでなく昆虫や小動物からも栄養をとる能力を進化させてきた。ほかの緑色植物と同じく日中は光合成をしているが、月光の下で変身し、動物性蛋白質のサプリメントをとる食虫植物になる。

ハエトリグサの葉は見間違いようがない。二枚貝のように中央脈のところでつながった葉は、くしの歯のような長いトゲに縁どられている。中央脈がちょうつがいになっているため、二枚の葉は通常はVの字形に開いている。葉の内側はピンクか赤紫色がかっていて、昆虫や小動物を誘惑する蜜を分泌している。蜜に引かれてやってきたハエや甲虫、小さなカエルなどが葉の表面にとまると、二枚の葉はバネ仕掛けのように勢いよく閉じて獲物をはさみ、トゲでふたをして閉じ込める。[*9] ハエトリグサの罠が閉じるスピードは一〇分の一秒未満と、私たちがたいてい失敗するハエ叩きとは比べものにならないほど速い。ハエトリグサは閉じ込めた獲物を消化液で溶かし、養分を吸収する。

ハエトリグサのこの驚きの特徴は、チャールズ・ダーウィンをも引きつけた。ダーウィンは食虫植物について詳細な研究結果を発表した第一世代の科学者の一人で、ハエトリグサのことを「世界一不思議な植物」と表現している[1]。純粋な好奇心が大発見のきっかけとなる例は多々あるが、ダーウィンの食虫植物への好奇心もその一つだった。ダーウィンは一八七五年の著書『食虫植物』の冒頭に、こう書いている。「一八六〇年の夏、私はサセックスの荒野で、大量の昆虫がモウセンゴケの葉の罠にかかっているところを見出し、驚嘆した。虫がこのような形で狩られることは話には聞いていたが、それ以上のことは何も知らなかった」[2]。こうしてダーウィンは、実質的に何も知らなかった状態からハエトリグサを含む食虫植物研究の第一人者になった。一九世紀のダーウィンの論文は、こんにちもなお引例に使われている。

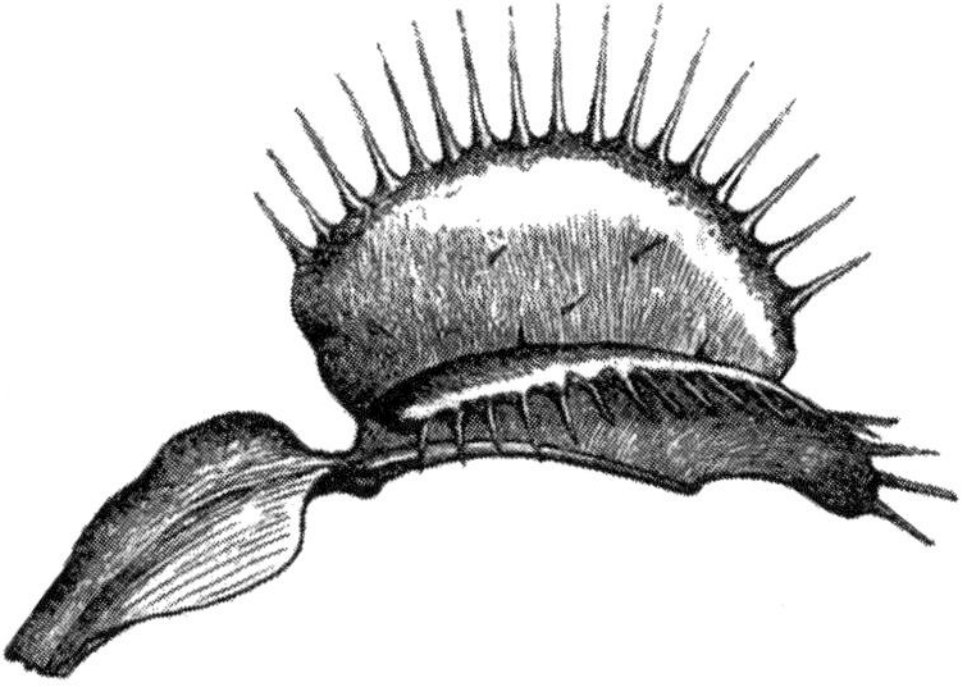

ハエトリグサ（*Dionaea muscipula*）

ハエトリグサが獲物の存在を感じていること、罠の内側にいる獲物が摂取するのにふさわしいサイズかどうかを判断していることは、いまでは周知の事実だ。葉の内側のピンク色の表面には黒い毛（感覚毛）が数本生えていて、その毛が罠を閉じるバネの引き金をひく役割を担っている。しかし、一本の感覚毛が獲物に触れただけではバネは作動しない。作動するには二〇秒のあいだに少なくとも二本の感覚毛が触れなければならない。これは、獲物のサイズが適切かどうかを判断するのに役立つ。獲物が小さすぎれば、葉を閉じたあとトゲのすき間から逃げ出されてしまう。感覚毛は敏感だが、何にでも反応するわけではない。ダーウィンは『食虫植物』に、こう記している。

水滴や雨水が毛の上に落ちても葉は閉じなかった

……この植物はどんな大雨が降ろうとなんとも思わないとみえる……私は先の狭まったチューブで毛に向けて思いきり息を吹きかけることを何度もしてみたが、何も変わらなかった……この植物は嵐のような風が吹いてもなんとも思わないようだ。つまり、この毛の敏感さは目的に特化した性質なのだ……(3)

ダーウィンは、罠が閉じるまでの一連の動作と動物性蛋白質が補助栄養素になっていることを詳細に描写したが、雨とハエを区別して、ハエだけにバネを作動させている信号のしくみまでは解明できなかった。また、ハエトリグサの葉が獲物から何らかの栄養素を吸収していると確信したダーウィンは、さまざまな蛋白質や物質を葉の上に置いてみた。だがどれも、罠を作動させることはできなかった。

ダーウィンと同時代の科学者、ジョン・バードン＝サンダーソンは、このしくみをきれいに説明できる重要な発見をした。(4) ユニバーシティ・カレッジ・ロンドンの応用生理学教授で医学教育も修めていたバードン＝サンダーソンは、カエルから哺乳類まで、あらゆる動物に見られる電気刺激について研究していた。そして、ダーウィンとの手紙のやりとりから、ハエトリグサに強く好奇心を抱いた。サンダーソンはハエトリグサの葉に慎重に電極をセットし、二本の感覚毛を押すと活動電位が生じることを発見した。これは動物の筋肉が接触したときに観察される現象とよく似ている。活動電位発生後に電流が元の休止状態に戻るまでには数秒かかることもわかった。彼は、葉の内側で昆虫が複数の感覚毛に触れると脱分極を引き起こし、それを葉が感知するのだと気がついた。

二本の感覚毛への接触圧から電気信号が生じ、その結果、罠が閉じるというバードン＝サンダーソンの発見は、彼の人生最大の業績となり、電気活動が植物の発育を調整していることを示した初の事例となった。しかし彼は、電気信号が罠の作動の引き金になっているのだろうという仮説を立てたにすぎない。それが証明されるのは一〇〇年以上もたってからだ。アラバマ州、オークウッド大学のアレクサンダー・ヴォルコフ率いる研究チームが、電気刺激そのものが罠を作動させる信号となっていることを示した。(5) 感覚毛に直接さわらなくても、開いた葉に「電気ショック療法」を施すだけで葉が閉じたのだ。ヴォルコフのこの実験と、ほかの研究所で以前から進められていた研究から、ハエトリグサは一本の感覚毛が接触圧を受けたことを記憶していることがわかった。(6) それを記憶していて、二本目の感覚毛が触れたときに葉を閉じる。そしてつい最近になって、ハエトリグサが毛の接触回数をどのように記憶しているかのしくみが解明されたが、それについては6章で述べる。植物の記憶についてはひとまずわきにおいて、電気信号と葉の動きの関係について、もう少し詳しく見てみることにしよう。

水圧で葉を動かす

バードン＝サンダーソンは、ハエトリグサの葉を閉じさせる電気刺激が神経作用や筋肉収縮作用と似ていることに気づいた。ただ、神経がなくても活動電位が発生することはわかったものの、筋肉がないのに動くしくみはわからない。バードン＝サンダーソンの知るかぎり、ハエトリグサで発生する活動電位を受けて葉を閉じるという作用を担う「筋肉に相当するもの」が見当たらなかった。

いっぽう、オジギソウの研究からは、葉の動きを理解するためのすばらしい実験体系ができつつあった。そしてこの実験体系は、植物全般に適用可能だった。オジギソウは中南米原産の植物だが、いまや世界中で栽培されている。葉が動くという物珍しさから、観賞植物として人気があるのだ。オジギソウの葉は触れられると敏感に反応する。指先を葉の一片にそっと置くやいなや、すべての葉が内側に折りたたまれて垂れ下がる。数分後にはまた開くが、もう一度触れるとまたもやただちに閉じる。オジギソウの学名はミモサ・プディカだが、プディカとはラテン語で「慎み深い」という意味で、葉を閉じて垂れ下がるしぐさをあらわしている。一風変わったふるまいから、この植物は多くの地域で「敏感な植物」として知られている。また、オジギソウは西インド諸島では「死んだふり」と呼ばれ、ヘブライ語では「私にさわらないで」を意味する言葉があてられている。ベンガル語では「内気な処女」である。

垂れたり開いたりするオジギソウの動作は、電気生理学の観点からしてもハエトリグサの動作とよく似ている。これに気づいたのは、インド出身の名高い物理学者で植物生理学者に転身したサー・ジャガディシュ・チャンドラ・ボーズだ。[7] ボーズは、イギリスの王立研究所のデイヴィー・ファラデー研究所でおこなった実験を、一九〇一年に王立

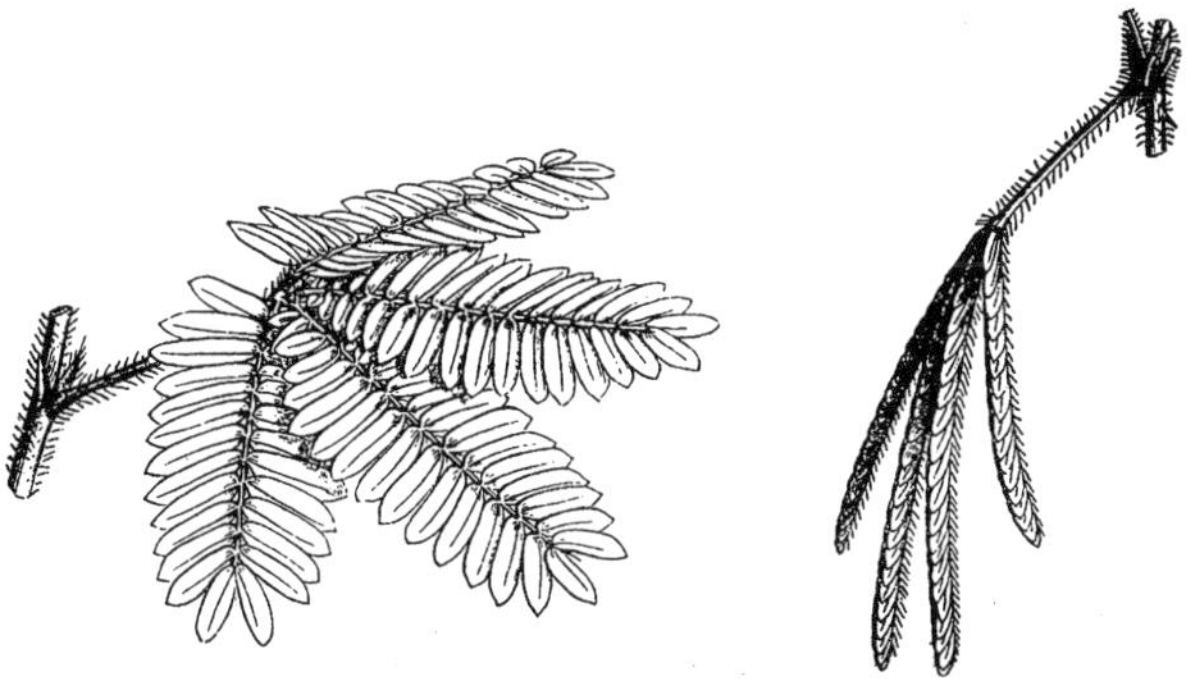

オジギソウ（*Mimosa pudica*）

協会の講演で報告した。接触は電気的な活動電位を発生させ、それが葉全体に放散して、オジギソウの葉がいっせいに閉じるのだ、と。余談ではあるが、このときバードン＝サンダーソンはボーズの報告を激しく批判し、オジギソウの論文を王立協会の会報から削除するよう勧告した[8]。だがその後、多くの研究所がボーズの報告を正しいと追認することになる。

オジギソウの葉の基部には葉枕（ようちん）と呼ばれる膨らんだ構造があり、その中に葉枕細胞という一連の運動細胞がある。ここに電気信号が作用すると、オジギソウの葉は垂れる。筋肉がないのに葉枕が葉を動かすしくみを理解するには、植物の細胞生物学の基礎を少しばかり知っておく必要がある。植物の細胞は大きく分けて二つの構成要素でできている。まずはプロトプラストと呼ばれる要素。これは動物の細胞に似ていて、内部の液体を薄い膜が覆っているため、見た目は水を入れた風船のようだ。内部の液体の中に核やミトコンドリア、蛋白質、ＤＮＡなどが入っている。植物の細胞に独特なのは、このプロトプラストがもう一つの要素、細胞壁と呼ばれる箱状の構造に包まれていることだ。細胞壁は「骨」のない植物に強度を与えている。樹木や綿花や木の実では、細胞壁は厚くて堅い。葉や花びらの細胞壁は薄くて柔らかい。なお、私たちの暮らしは細胞壁のおかげで成り立っている。紙も家具も衣服もロープも、燃料さえも、細胞壁からつくられるのだから。

プロトプラストは通常、水分を多く含んでおり、周囲の細胞壁を強く押している。そのおかげで植物の細胞は引き締まり、ぴんと立ち、重量を支えることができる。しかし水分が不足すると細胞壁への圧力が低下し、植物は萎びる。植物は細胞壁への圧力を調節するために、細胞の内外にポンプで水を出し入れする。オジギソウの葉の基部にある葉枕細胞は、葉を動かすためのミニ水圧ポンプの役割を果たしている。葉枕細胞に水分が十分にあるとき、葉は開いている。水分が減ると圧力が下がり、葉は閉じる。

では、活動電位はどこに作用しているのだろう？　活動電位は、ポンプで水を入れるか出すかを細胞に命じるための信号になっている。オジギソウの葉が開いている通常の状態では、葉枕細胞はカリウムのイオンを十分に満たしている。細胞の外側より内側でカリウム濃度が高いと、カリウムを薄めようと水が細胞の中に入ってくる。すると細胞壁への圧力が高まり、葉はしゃんとする。電気信号が葉枕に届くとカリウムの通路（チャネル）が開き、カリウムが細胞の外へ出る。水も外へ出るため細胞壁への圧が下がる。細胞は弛緩する。信号が通り過ぎてしまえば、葉枕細胞は細胞内にカリウムをふたたび入れる。すると水も入ってくるので葉は開く。もう一つのイオン、カルシウムは、ヒトでは神経伝達に欠かせない物質で、カリウム通路の開閉を調節している。そしてこれから見ていくように、植物の接触に対する反応にも欠かせないのである。

接触によって活性化する遺伝子

一九六〇年代初期、フランク・ソールズベリーはオナモミの開花を促す化学物質について研究していた。オナモミは北米全域に見られる雑草で、トゲトゲの楕円形をした小さな実のようなもの（ひっつき虫）がハイキングする人の衣服にくっつくことで悪名高い。コロラド州立大学のソールズベリー率いる研究チームは、この植物の育ち方を知ろうと、葉の長さが一日あたりどのくらい伸びるかを調べることにした。そして毎日野外に出て、ものさしで葉の長さを測った。ところが測定している葉はいつまでたってもふつうの長さにまで達しない。それどころか、測定を続けるうちに葉は黄色くなって枯れてしまった。いっぽう、同じ木で測定の対象にしなかった

オナモミ（*Xanthium strumarium*）

葉はふつうに生長している。ソールズベリーによれば、「われわれは、毎日数秒さわるだけでオナモミの葉を殺すことができる、という驚くべき発見にぶちあたった」という。(9)

ソールズベリー本人の関心は別のところに行ってしまったが、彼の観察は一〇年後にもっと広い背景でとらえられるようになった。一九七〇年代初期に、オハイオ大学を拠点にしていた植物生理学者のマーク・ジャッフェは、接触が引き起こす生長阻害を植物生物学全般に見られる現象だと認めた。そして「接触形態形成（thigmomorphogenesis）」という言葉をつくり出した。(10)ギリシャ語の thigmo（接触）と morphogenesis（形態形成）を組み合わせたこの語は、機械的刺激が植物の生長に与える影響全般をあらわす。

もちろん、植物は日々、雨や風、雪、近くにやってくる動物などからさまざまな触覚ストレスを受けている。よくよく考えてみれば、測定のたびにさわられていた葉の生長が遅れたというのもそれほど不思議ではない。植物は、自分が暮らす環境がどんなタイプかを感じとる。たとえば、山の尾根の高いところに育つ樹木は強風にさらされることが多い。そうした樹木は枝の生長を制限し、幹を太く短くするような育ち方をして、環境ストレスに適応しようとする。毎日さわられる、というのは植物にとって外界が異常に乱れていることを意味する。そうした環境においては生長を抑えるという防御的な姿勢をとったほうが生き延びるチャンスは高まる。これは一種の進化的な適応なのだ。実際、生態学的な視点で見てみると、植物は私たちが家を建てるときと同じような条件の比較と選択をしなければならないのだとわかる。基礎工事にはどんな種類の材料を使うべきか。枠組み構造はどうするか。風が弱くて地震のリスクが小さな地域に住むつもりなら、家の外観に予算を注ぎ込んでもいいだろうが、風が強くて地震のリスクが大きな地域なら、基礎と枠組みに十分な資金を投じなければならない。

樹木にあてはまることは、1章で紹介したシロイヌナズナにもあてはまる。実験室内で一日に数回さわられたシロイヌナズナは、ほったらかしにされていたシロイヌナズナと比べて草丈がずっと低く、開花がうんと遅れる。一日に三回、葉を少しなでるだけでも生育の度合いに違いが出る。この変化が私たちの目にわかるまでには数日かかるが、最初の細胞の反応はかなり急速だ。事実、ライス大学のジャネット・ブラームの研究チームは、シロイヌナズナの葉に触れるだけで「遺伝子」の構成まで急速に変わってしまうことを示してみせた。

そもそもブラームがこの現象を発見したのは偶然のようなものだった。当初、スタンフォード大学の若き研究員だったブラームは、植物への接触の影響などに興味はなく、植物ホルモンで活性化する遺伝子プログラムの研究に熱中していた。彼女は植物ホルモンの一種、ジベレリンの影響を明らかにしようと設計した実験の一環として、シロイヌナズナの葉にこのホルモンをスプレーし、どの遺伝子が活性化するのかを調べていた。スプレー処理した直後に数個の遺伝子が急速に変化しているのが確認され、これらの遺伝子はジベレリンに反応したのだろうと彼女は考えた。ところが、これらの遺伝子は、ジベレリン以外の物質をスプレーしても同じようにふるまった。ただの水をスプレーしただけでも。

ブラームはそれを実験の失敗とは思わずに、むしろ推し進めて、なぜこれらの遺伝子が水にさえ反応したのかを突き止めようとした。そして、答えを見つけた！　一連の実験に共通するのは、スプレーされたという「物理的な感覚」だということを。ブラームは、遺伝子は葉に受けた触覚に反応したのだと仮説を立てた。それを検証するため、つぎは水をスプレーするのではなく、指で触れることにした。思ったとおり、ホルモン物質や水をスプレーしたとき活性化したのと同じ遺伝子が、指の接触によっても活性化していた。タッチ（touch）により活性化するとわかった新発見の遺伝子に、彼女は「TCH遺伝子」という名をつけた。[11]

この発見の重要性をさらに理解するには、そもそも遺伝子とはどんなはたらきをしているのかを簡単に知っておく必要がある。シロイヌナズナを構成している細胞それぞれの核内にあるDNAには、およそ二万五〇〇〇個の遺伝子が含まれている。ごくごく簡単に言ってしまうと、遺伝子はそれぞれ一種類の蛋白質をつくる方法を暗号化している。ここで注意したいのが、どの細胞にも同じDNAが入っているのに細胞によって異なる蛋白質がつくられることだ。たとえば、葉の細胞にある蛋白質と根の細胞にある蛋白質は違う。葉の細胞には光合成をするために光を吸収する蛋白質が入っているが、根の細胞には土壌からミネラルを吸収するのを助ける蛋白質が入っている。なぜ細胞によって含まれる蛋白質が違うのか。それは、細胞の種類に応じて異なる遺伝子が活性化されているから――もっと正確に言えば、異なる遺伝子が転写されているからだ。すべての細胞で転写されている遺伝子もあるにはあるが（細胞膜に必要な蛋白質をつくる遺伝子など）、ほとんどの遺伝子は細胞の種類に合わせて一部だけが転写される。つまり、どの細胞にも二万五〇〇〇個の遺伝子が入っているが、実際に活性化するのは数千個しかない。さらにややこしいことに、多くの遺伝子は外部環境の影響を受けて活性化したりしなかったりする。葉の細胞の中には、青い光を「見た」あとでなければ転写されない遺伝子もある。夜中に転写される遺伝子もあれば、熱せられたあとや、細菌の攻撃を受けたあと、何かの接触を受けたあとに転写される遺伝子もある。

では、接触により活性化する遺伝子とはどんなものだろう？　ブラームが見つけたTCH遺伝子群のうち、最初のものは細胞内でカルシウムの信号を送ることに関与する蛋白質をつくる遺伝子だった。先ほど述べたように、カルシウムは細胞の電荷と細胞間コミュニケーションを調整するのに重要なイオンの一つだ。植物細胞の場合、カルシウムは細胞の膨圧を維持するのに役立っているだけでなく（オジギソウの葉枕細胞の例を思い出してほしい）、細胞壁を構成する材料の一部でもある。ヒトその他の動物にとっては、ニューロンからニューロンへ電気信号を伝播させたり、筋肉を収縮させたりするのにカルシウムは欠かせない。なお、カルシウムがどのようにして、こうしたさまざまな現象を同時に調整しているのかはまだ解明されていない。この分野については目下、さかんに研究されているところである。

わかっているのは、枝が揺すられたり根が岩にあたったりするような機械的刺激を受けると、植物細胞のカルシウム濃度が急上昇し、それから降下することだ。このカルシウム濃度の急激な変化は細胞膜の向こう側の電荷に影響するが、それだけではなく「セカンドメッセンジャー」として多数の細胞機能に影響する。つまり、特定の受容体から特定の出力器に情報をリレーする仲介分子となるのだ。自由に遊泳している水溶性カルシウムは、それだけで何らかの反応を起こせるほどの効力はない。たいていの蛋白質はカルシウムと直接結びつくことができないからだ。そのため、植物でも動物でも、カルシウムは数少ない「カルシウム結合蛋白質」といっしょに作用する。

カルシウム結合蛋白質のうち、最も研究が進んでいるのはカルモデュリンだ。カルモデュリンはサイズは小さいが重要な蛋白質で、カルシウムと結合すると、ヒトでは記憶や炎症、筋肉活動、神経突起の成長などにかかわるさまざまな蛋白質に作用し、そのはたらきを調整する。植物に話を戻すと、ブラームが見つけた最初のTCH遺伝子は、このカルモデュリンをつくるものだった。シロイヌナズナだろうとパパイヤだろうと、あなたが植物に触れると、その植物が最初にやることの一つがカルモデュリンをたくさんつくることだ。たくさんつくられたカルモデュリンは、活動電位中に出てくるカルシウムとどんどん結びつく。

ブラームをはじめとする科学者たちが研究を続けているおかげで、私たちは現在、シロイヌナズナの遺伝子の二％以上（カルモデュリンその他のカルシウム関連蛋白質をつくる遺伝子を含むが、それだけとはかぎらない）が、昆虫が葉の上にとまったり、動物が触れたり、風が枝を揺らしたりした直後に活性化することを知っている。[12] 全体の二％というのは驚くほど大量の遺伝子に相当する。これはつまり、機械的刺激にどう反応するかが植物の生き残りにかかっていることを物語っている。

植物とヒトの「感じ方」

私たちは、さまざまに特化した機械的感覚受容器をもっているおかげで、多様で複雑な物理的刺激の混合体を「感じる」ことができる。そして脳があるおかげで、それらの信号を感情的な意味合いをともなった刺激として翻訳することができる。さまざまに特化した受容器の存在は、私たちが大量の触覚刺激に対応するのを可能にしてくれる。たとえば「メルケル盤」と呼ばれる機械的感覚受容器は、皮膚や筋肉への持続的な接触や圧を検知する。口の中にある侵害受容器は、トウガラシを食べたときその成分であるカプサイシンによって活性化するし、盲腸にある侵害受容器は虫垂炎になったとき猛烈に反応する。痛み受容体は、私たちに危険な状況から身を引かせる。もしくは、体内で生じているかもしれない危険な状態を気づかせる。

植物が接触を感じるとき、痛みは感じない。また、植物の反応は主観的なものではない。接触や痛みに対する私たちの感じ方は主観的なもので、人によって少しずつ違う。軽いタッチはある人にとっては気持ちよくても、別の人にとっては不快なことがある。

主観が人によって違うのは、たとえばイオンの通路を開かせるのに必要な圧力を決めている遺伝子にばらつきがあるからかもしれない。あるいは個人の心理的な違いによるかもしれない。触覚と結びついた恐怖やパニック、悲しみなどが、触覚と同時に喚起されるのはよくあることだ。

その点、植物は脳がないのでこうした主観的なものの影響を受けずにすむ。それでも機械的刺激を「感じる」ことはでき、さまざまな刺激に対し独自の方法で対応する。痛みを回避するような対応ではないにせよ、周囲の環境に合わせて生長を調整するような対応ができる。このことを示す、驚くような事例がリーズ大学のディアナ・ボウルズ率いる研究チームからもたらされた[13]。以前から、トマトの葉は一枚傷ついただけで、その信号が同じ木の無傷の葉にも送られることはわかっていた（2章で紹介したのと同じタイプの研究である）。こうした対応の過程には、無傷の葉にあるプロテイナーゼ阻害にかかわる一連の遺伝子の転写も含まれる。

ボウルズは、傷ついた葉から健康な葉に送られる信号の正体を知りたいと思った。一般的に受け入れられているパラダイムによれば、その信号は分泌された化学物質で、それが葉脈を通じて一個体の植物全体に輸送されるはずだった。しかしボウルズは、信号は電気状のものなのではないかと疑問をもった。それを確かめようと、トマトの葉を一枚、熱した鉄のブロックで焼いた。そして、焼かれた葉から離れた茎のところで電気信号が検知されるのを見出した。葉と茎を結んでいる葉柄という場所を冷やしていても信号は検知される。葉柄を冷やすと葉から茎への化学物質の流れは遮断されるが、電気の流れは遮断されない。おまけに、焼いた葉の葉柄を冷やしても、ほかの健康な葉はあいかわらずプロテイナーゼ阻害遺伝子を転写していた。葉は痛みを感じない。つまり、熱した鉄に対してトマトが示した反応は、痛みから逃れるためのものではなく、ほかの葉に潜在的な危険性を警告するためのものなのだ。

トマト（*Solanum lycopersicum*）

一つところに根を張って定着している植物は、退却したり逃げたりはできないが、環境が変わったとき、それに合わせて代謝を変えることができる。接触その他の物理的刺激にどう対応するか、生物のふるまいとしては植物と動物で違っているが、信号の発生という細胞レベルで見れば驚くほどよく似ている。ヒトの神経への機械的刺激と同じく、植物の細胞への機械的刺激は細胞のイオンバランスを変え、その結果、電気的な信号が生まれる。動物の神経系と同じく、植物でもこの信号は細胞から細胞へと伝播し、カリウム、カルシウム、カルモデュリンなどの通路の開閉を調整しているのだ。

ところで、機械的受容器の特別な形のものが私たちの耳の中にも存在していることはご存じだろうか。植物が、ヒトの皮膚にあるのと似た機械的受容器で接触を感じることができるのなら、ヒトの耳にあるような機械的受容器を通じて音を感じることもできるのだろうか?

＊8　ハエトリグサは英語で「ヴィーナスの罠」と呼ばれているが、このヴィーナスに科学的な意味はなく、一八世紀イギリスの植物学者によるみだらなイマジネーションが語源となったものだ。http://www.sarracenia.com/faq/faq2880.html を参照のこと。

＊9　ハエトリグサが獲物を捕らえるようすは、http://www.youtube.com/watch?v=ymnLpQNyl6g で見ることができる。

4章　植物は聞いている

鐘消えて花の香は撞(つ)く夕(ゆうべ)かな　——松尾芭蕉

森は音を響かせる。鳥がさえずり、カエルが歌い、コオロギが鳴き、風に葉がカサカサと揺れる。この果てしなく続くオーケストラには、危険の合図や恋の儀式、威嚇するための音や親睦を深めるための音も含まれる。リスが木に飛び乗ると枝がきしみ、鳥は別の鳥の鳴き声に鳴き声で答える。動物はつねに音に反応して動き、動物が動くと新たな音を生む。そのくり返し。だが、森の住民がどれほどおしゃべりをし、がさごそと動き回っていても、植物は周囲の騒音に加わることなく平然としている。植物には森の喧騒が聞こえないのだろうか。それとも私たちが植物の反応を理解していないだけなのだろうか？

これまで、植物の感覚器についてはさまざまな科学研究がいろいろなことを解明してきたが、植物の音に対する反応となると決定打となるような信頼性のある研究はまだない。これは驚きだ。音楽が何らかの形で植物の生長に影響するという逸話風の情報なら、山ほどあるというのに。私たちは植物が匂いを嗅ぐことを知った。そのことをもう一度考えてみれば、植物が音を聞いているとしても不思議ではなくなる。クラシック音楽をかけた部屋に置いた植物が繁茂したという話なら、あなたも聞いたことがあるはずだ（植物をほんとうに感動させるのは、むしろポップミュージックだと主張する人もいる）[1]。しかし、音楽と植物についての研究をしたという人のほとんどは小学生か、科学者としては素人の植物愛好家で、実験室のようなコントロールされた状況で科学的方法に基づいて研究したわけではない[2]。

植物が実際に音を聞いているかどうかについて掘り下げる前に、まずヒトの聴覚についてざっとおさらいをしておこう。「聴覚」の一般的な定義は、耳などの器官を通じて振動を検知し、音を認めることのできる能力、となっている[3]。音とは、空気中や水中、ときにはドアや地面など固形物を通って伝わるひと続きの圧力波だ。何かを打ったり（ドラムを叩いたり）、くり返される振動を起こしたり（弦を弾いたり）すると、空気がリズミカルに圧縮される。これが圧力波だ。私たちはこうした空気圧の波を、内耳の有毛細胞によって特定の機械的刺激として感じとる。有毛細胞は機械的刺激を受ける知覚神経が特化したものだ。有毛細胞から伸びる毛のような線維を不動毛といい、不動毛は空気の圧力波（音）があたると曲がる。

耳の中にある有毛細胞はボリュームとピッチという二種類の情報を伝える。ボリューム（音強）は、耳に届く圧力波の高さ、つまり振幅で決まる。うるさい音の振幅は大きく、ソフトな音の振幅は小さい。振幅が大きいほど不動毛は強く曲がる。いっぽう、ピッチ（音高）は圧力波の周波数――振幅に関係なく一秒あたりの波の回数――で決まる。周波数が多ければ、不動毛が曲がったり戻ったりするのも速くなる、つまりピッチが高くなる。[*10]

有毛細胞の不動毛が振動すると、ほかの機械的受容器と同じように活動電位が発生する。それは聴覚神経に伝えられ、順次、脳まで送られて、脳でさまざまな音として解釈される。したがって、ヒトの聴覚が成立するには二つの器官の連携が必要となる。耳の中にある有毛細胞が音波を受けとり、脳がその情報を処理する。私たちはそこではじめて、さまざまな音に「対応」できるようになる。さて、植物は目がないのに光を検知できている。だとしたら、耳がなくても音を検知できることはあるのだろうか？

音楽と植物の疑似科学的な関係

植物が音楽に反応するという話を聞いて興味をそそられたことは、あなたも一度や二度はあるだろう。チャールズ・ダーウィンでさえ、自分が演奏する曲を植物がどう受けとっているのか研究しようとしたことがある。これまでにも紹介したように、ダーウィンは一世紀以上も前に植物の視覚と触覚について先見の明のある実験をしている。彼は生物学研究に生涯をささげた男だが、熱心なバスーン奏者でもあった。ダーウィンは数々の奇妙な実験を試みたが、その一つに、オジギソウに自分のバスーン演奏を聞かせて、葉が閉じるかどうかを観察するというのがあった。結果は変化なしだったようで、彼はそれを「まぬけな実験」と呼んでいる。[4]

植物の聴覚能力をテーマにした研究は、ダーウィンが失敗した試み以来、進展したとは言いがたい。光や匂い、接触に対する植物の反応を扱った科学論文は過去一年間だけでも数百本発表されているが、音に対する反応に焦点を絞った論文は過去二〇年間に数えるほどしかない。その数えるほどしかない論文でさえ、私の基準から見れば、植物が「聞いている」証拠とするには至らない。

そんな論文の一例として、『ジャーナル・オブ・オルタナティブ・アンド・コンプリメンタリー・メディシン』誌に発表されたものがある。[5] 執筆したのは心理学および医学の教授ゲイリー・シュワルツとその同僚で光学教授のキャサリン・クリースだ。どちらもアリゾナ大学を拠点とする学者で、同大学にはシュワルツが開設した真理研究科（VERITAS）があった。[6] この研究科の目的は、「人間の意識（または人格または自己同一性）は肉体的な死後も残るという仮説を検証する」[7] というものだ。ただ、死後の意識を研究しようと思っても、実験で証明するという方法がとれない。シュワルツは、「ヒーリング・エネルギー」の存在についても研究している。ヒトの被験者ではどうしても暗示を強く受けてしまうため、シュワルツとクリースは植物を使って「音楽と騒音、ヒーリング・エネルギーの生物学的影響」を解明しようとした。[8] 植物ならプラセボ効果の影響を受けないし、また私たちの知るかぎり、音楽に対する嗜好も*ない*（植物の音楽への嗜好を実験する研究者にとっては、あるということになるのだろうが）。

　二人は、ヒーリング・エネルギーを送り、穏やかな音楽を聞かせれば、種子の発芽を促すはずだと仮説を立てた。穏やかな音楽として、アメリカ先住民のフルートの音色と自然界の音で構成された音楽を選んだ[*11]。そしてデータをとり、穏やかな音楽を流した状態では無音状態よりもズッキーニとオクラの発芽がわずかに良好だったと記述した。また、クリースのハンドパワーでヒーリング・エネルギーを送った種子の発芽率が高かったことも書き添えた[*12]。この研究結果はほかの研究室で追認されないまま発表されたが、シュワルツとクリースが自分たちの結論の根拠に引用した文献の一つがドロシー・レタラックが書いて一九七三年に本になった『音楽の響きと植物』だった。

　ドロシー・レタラックは、本人によると「医者の妻、主婦、一五人の孫をもつ祖母」だという[10]。末っ子がカレッジを卒業したあとの一九六四年に、テンプル・ビュエル・カレッ

実験室にいるドロシー・レタラック。横にいるのはアドバイザーのフランシス・ブロマン。

ジ（現コロラド・ウィメンズ・カレッジ）に一年生として入学した。[11] レタラックはプロのメゾソプラノ歌手で、ユダヤ教会堂や教会、葬儀場で歌っていたため、テンプル・ビュエルでは音楽を専攻した。必須履修科目の生物学入門をとったところ、教師から何か関心のあるテーマで実験をするよう言われた。レタラックは履修の条件と自身の音楽への愛を両立させることにした。その結果、主流科学界からは相手にされないが大衆文化には歓迎される本ができた。

レタラックの『音楽の響きと植物』は一九六〇年代の文化的政治的風潮を反映した本であるが、彼女の偏った見方を浮き彫りにした本でもある。レタラックは、騒々しいロック音楽を、カレッジの学生たちに広まる反社会的ふるまいと関連づける保守層の考え方と、音楽と物理学とあらゆる自然のあいだに神聖な調和を見出そうとするニューエイジ的な精神主義が交差するところにいた。

レタラックがひらめきを得たのは、一九五九年に出版された『植物への祈りの力』という本からだという。[12] この本の著者は、祈りをささげられた植物は繁茂し、憎しみに満ちた考えをぶつけられた植物は枯れると主張していた。レタラックは、いいジャンルの音楽と悪いジャンルの音楽でも同じような効果が出るのではないかと考えた。もちろん、いい悪いの基準は彼女の好みでしかない。この疑問が、生物学入門クラスでのレタラックの研究テーマとなった。植物の生長にさまざまな音楽ジャンルがどんな影響を与えるかを観察することで、彼女は同時代の人々にロック音楽が——植物のみならず人間にも

――有害である証拠を示せるのではないかと期待した。

レタラックはさまざまな植物（フィロデンドロン、トウモロコシ、ゼラニウム、スミレなど、実験ごとに違う種を使用）の横で、バッハやシェーンベルク、ジミ・ヘンドリックス、レッド・ツェッペリンなど多岐にわたる音楽のレコードをかけ、生長を観察した。そして、穏やかなクラシック音楽を聞かせた植物は繁茂したと報告した（なお、彼女によればエレベーターや待合室で流されている有線BGMでも同じように繁茂したそうである）。そして「レッド・ツェッペリンⅡ」や、ヘンドリックスの「バンド・オブ・ジプシーズ」を聞かせた植物は生長が阻害されたという。伝説的なドラマーであるジョン・ボーナムやミッチ・ミッチェルのドラムビートが植物を傷めたのではないかと考えたレタラックは、同じ曲でドラム音を抜いたレコードを使った実験もした。

彼女が思ったとおり、ドラム音を抜いた『ホール・ロッタ・ラブ』と『マシン・ガン』のレコードをかけたときは、ドラム音を抜いていない完全版レコードをかけたときより植物へのダメージは小さかったという。これは、植物がレタラックと同じ音楽の嗜好をもっているという意味なのだろうか？　もう一つ気になることがある。学生時代にいつもツェッペリンとヘンドリックスを大音量で流しながら勉強していた、たとえばこの私が、レタラックの本を読んで自分の聞いていた音楽のジャンルについていちいち反省したりしただろうか？　まさか！　若者にロック音楽の悪影響を知らしめるというレタラックの本来の目的は、まったく果たされていない。

私と多数のツェッペリン・ファンにとって幸いだったのは、レタラックの研究には科学的な欠陥が多数あったことだ。[13] たとえば、それぞれの実験に使った標本（サンプル）数が五つ未満と少なすぎる。実験をくり返した回数も少なすぎて、統計的な分析をするにはまるで足りない。実験計画もおざなりだった——実験の一部は友人の家でおこなわれている。土壌の水分などのパラメーターも、指で土をさわるといった適当な方法で判断していた。レタラックは著書の中で多数の専門家の文献を引用しているが、生物学者の文献は一つもない。音楽や物理学、神学の専門家による文献で、科学的信憑性のない文献からの引用も少なくなかった。だが何より重要なのは、彼女の実験がほかの信頼できる研究室で再現されていないことだ。

植物のコミュニケーションと化学物質に関するイアン・ボールドウィンの初期の研究（2章にて紹介）は、当初こそ主流の科学界から抵抗に遭ったが、その後は多くの研究室で正当性が確認された。それに対し、レタラックの実験は最初から最後まで科学界には相手にされなかった。新聞の記事にはとり上げられたものの、一流科学雑誌への掲載は実現せず、彼女の本は結局、ニューエイジものとして出版された。しかし、彼女の本が文化的な時代精神の一部になるという流れは何者にも止められなかった。

レタラックの実験結果は、一九六四年に発表されていた研究の結果と食い違いをもたらしていた。[14] ニューヨーク植物園の科学者リチャード・クラインとパメラ・エドサルは、いったいぜんたい植物が音楽の影響を受けるものなのかどうかを自ら確かめようと、いくつか実験をしてみることにした。というのも、このころインドから、音楽のおかげで植物の発芽率が上昇したと主張する報告が出されていたからだ。その研究対象とされた植物の一つにマリーゴールドがあった。インドの研究を再現しようと、クラインとエドサルはマリーゴールドに、グレゴリオ聖歌、モーツァルトの『交響曲第41番ハ長調』、デイヴ・ブルーベックの『スリー・トゥ・ゲット・レディ』、デヴィッド・ローズ・オーケストラの『ザ・ストリッパー』、ビートルズの『抱きしめたい』と『アイ・ソウ・ハー・スタンディング・ゼア』をそれぞれぶつけた。

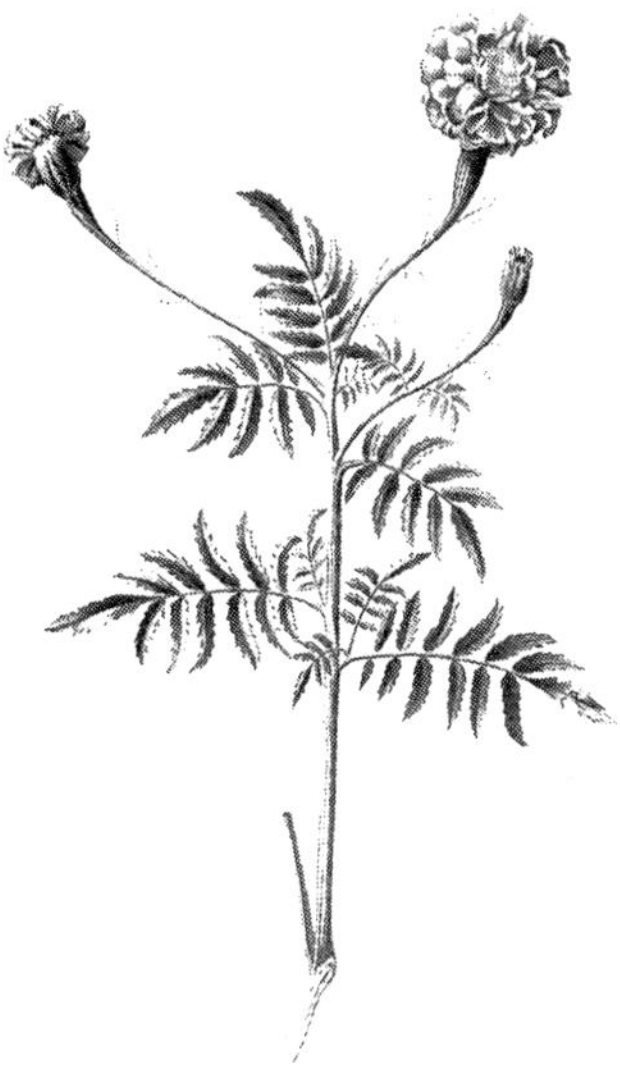

マリーゴールド（*Tagates erecta*）

　厳密に科学的なコントロールを施したこの実験から、クラインとエドサルは、音楽はマリーゴールドの生長に影響を与えないという結論を出した。二人はこんな研究をしたことへのばかばかしさを言外にこめて、ユーモアまじりに「ザ・ストリッパーを聞かせた植物に葉を脱いだ形跡はなく、ビートルズを聞かせた植物に茎の首振り運[*13]動は見られなかった」と報告した。[15]

　クラインとエドサルの研究結果と、その後のレタラックの研究結果が矛盾するのはなぜだろう？　前者のマリーゴールドは、レタラックの植物と音楽の好みが違ったとも考えられるが、それよりも、レタラックの研究は方法論的にも科学的にも不備が多すぎて信頼できない結果が出たと考えるほうが妥当だろう。

クラインとエドサルの研究は、定評のある専門科学雑誌に掲載されたが一般市民の目にとまることはなく、レタラックがしたような試みは一九七〇年代に一般向けの新聞雑誌をにぎわせ続けた。そして、レタラックの本が出たのと同じ一九七三年には、ピーター・トムプキンズとクリストファー・バードによる『植物の神秘生活』が出版される。(16)「植物と人間との肉体的、感情的、霊的関係を説明する魅力的な一冊」という売り込み文句とともに。この本の中の音楽に関する章で、トムプキンズとバードは、植物はバッハやモーツァルトのみならず、インド人ミュージシャンのラヴィ・シャンカルの音楽にも良好な反応を示すと報告した。*14『植物の神秘生活』を彩る科学のほとんどは、ごく少数の被験植物から導き出された主観的な印象にすぎない。高名な植物生理学者で教授、さらには名うての懐疑論者だったアーサー・ガルストンは一九七四年に書いた文章の中で、「困ったことに『植物の神秘生活』は十分な証拠のない突飛な主張のみで構成されている」と釘をさした。(17)ガルストンの警告もむなしく、『植物の神秘生活』は当時の文化に勢いよく浸透していった。

これ以降にも、植物が音に反応するという証拠の支えになるようなデータは出てきていない。ただし、科学文献を詳しく調べると、植物に音を聞く能力があるという考え方につながる別の発見の報告がぱらぱらと見つかる。たとえば、植物に接触すると活性化するTCH遺伝子を見つけたジャネット・ブラームは、オリジナルの論文の中で、この遺伝子は物理的な刺激だけでなく騒がしい音楽によっても活性化されるかどうか調べてみたとある[18]。ちなみに、このときはトーキング・ヘッズの曲で試したそうである。結果は、変化なしだった。ほかにも、研究者のピーター・スコットは著書『植物の生理学とふるまい』の中で、トウモロコシが音楽の影響を受けるかどうかをテストした一連の実験を報告している[19]。このときスコットは、モーツァルトの『協奏交響曲』とミートローフの『地獄のロック・ライダー』を選んだ（どうも、この種の実験には科学者それぞれの音楽の好みが反映されるようだ）。初回の実験では、モーツァルトであれミートローフであれ音楽を流したところに置いた種子は、静かなところに置いていた種子より早く発芽した。これは、音楽は植物に影響すると主張する人々にとっては福音で、モーツ

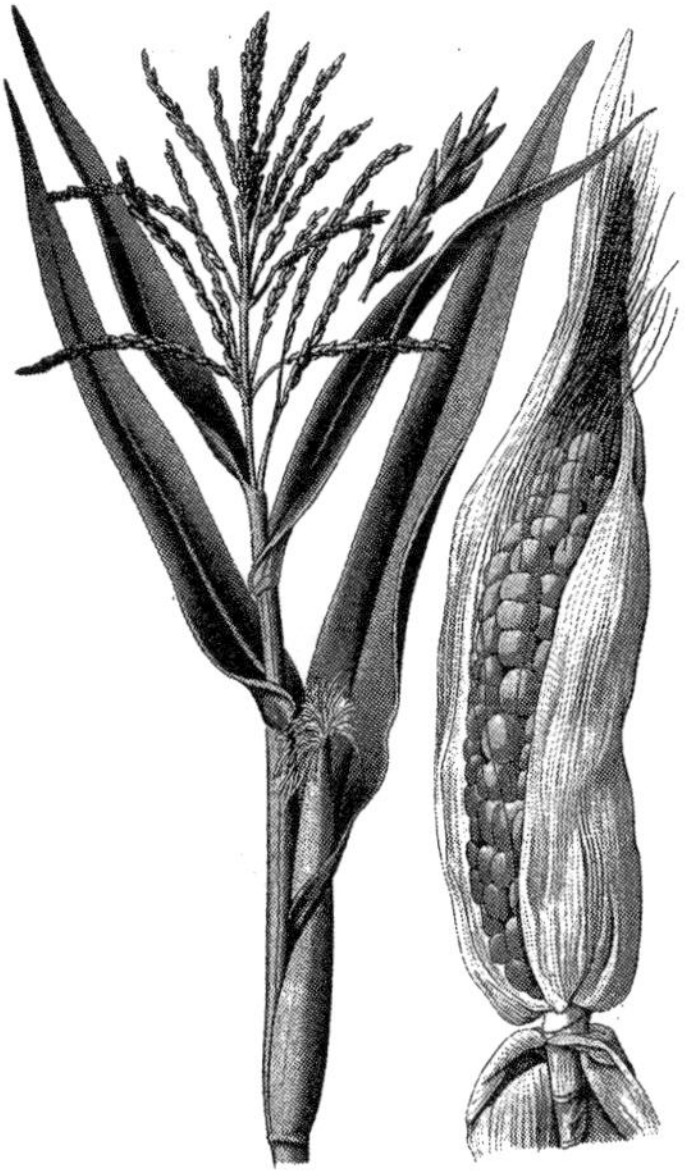

トウモロコシ（*Zea mays*）

ァルトはミートローフより上質だと信じる人々にとっては災いだっただろう。

しかし、ここで実験をするにあたっての「コントロール」の重要性が浮上する。実験は続けられたが、二度目はスピーカーから出る温風が種子にかからないよう小さな扇風機をとりつけた。すると、音楽を鳴らしても鳴らさなくても種子の発芽率に違いは見られなかった。初回の実験では、音楽を流していたスピーカーが熱を放散し、それが発芽を促していたことがわかった。決定要因は熱であって、モーツァルトの音楽でもミートローフの音楽でもなかったのだ。

懐疑的な見方を保ったまま、ロック音楽のはげしいドラムビートが植物（および人間）に害をもたらすというレタラックの主張をもう一度見直してみよう。この場合、うるさいドラム音が植物にマイナスの影響を与えたという以外にもう一つ、科学的に妥当な説明が成り立ちそうだ。3章で述べた、植物に数回触れただけで生長が止まったり枯れたりしてしまうことが示された、ジャネット・ブラームとフランク・ソールズベリーの研究を思い出してほしい。ロック音楽のパーカッションは、その音がスピーカーから出てきたとき強力な音波となって植物を前後に揺さぶった、つまり文字どおり振動（ロック）させたとは考えられないだろうか。このシナリオなら、ツェッペリンの音楽を流したスピーカーのそばに置いた植物の生長は阻害されるはずで、事実、レタラックの報告はそうなっている。被験植物はロック音楽を嫌っていたわけではなく、振動（ロック）させられるのを嫌っていたのかもしれない。

悲しいかな、これまでのところ、すべての証拠は植物が「難聴」であることを示しているように見える。しかし、ヒトに難聴を引き起こすことで知られている遺伝子と同じ遺伝子の一部が植物に含まれていると知ったら、あなたはどう思うだろう?

植物にもある「難聴」遺伝子

西暦二〇〇〇年は植物科学にとって記念すべき年となった。この年、シロイヌナズナの全ゲノムが配列決定され、それを切望していた世界中の科学者に知らされた。シロイヌナズナのDNAを構成するおよそ一億二〇〇〇万のヌクレオチドの並び方を解明するのに、大学やバイオテクノロジー企業に所属する三〇〇人以上の研究者が四年以上も共同作業した[20]。かかった費用はおよそ七〇〇〇万ドルだ。なお、このプロジェクトに要した費用と労力の大きさは、いまとなってはばかばかしいほどだ。技術の急速な進歩により、シロイヌナズナの全ゲノム解析は現在なら、当初の一%の費用で、一週間ほどでできる。

ゲノムを配列決定する最初の植物として、一九九〇年に米国立科学財団がシロイヌナズナを選んだのは、この植物が、進化の気まぐれのおかげでほかの植物よりDNAの数が少なかったからだ。シロイヌナズナはたいていの動植物とほぼ同じ遺伝子数（二万五〇〇〇個）を有しているが、いわゆる「非コードDNA」がひじょうに少ないぶん、ゲノム配列の決定は比較的やりやすかった。非コードDNAは、遺伝子と遺伝子の合間や染色体の端などゲノムのあちこちに散在している——遺伝子自体の内部にも。シロイヌナズナは二万五〇〇〇個の遺伝子を一億二〇〇〇万個のヌクレオチドの中に有しているのに対し、コムギは同量の遺伝子が一六〇億個のヌクレオチドの中にある。[*15] ちなみにヒトは、シロイヌナズナよりやや少ない二万二〇〇〇個の遺伝子が二九億個のヌクレオチドの中にある。ゲノムの規模が小さいことと一世代の期間が短いこと、草丈も小さくて実験室内で育てやすいことなどの理由から、シロイヌナズナは二〇世紀後半に最も研究が進んだ植物になっていて、そこから多くの分野に応用されることになる重要な発見をたくさん生んでいた。シロイヌナズナに見つかった二万五〇〇〇個の遺伝子のほとんどは、綿花やジャガイモなど農業としても経済としても重要な植物にも存在している。つまり、シロイヌナズナで見つかった遺伝子は何であれ（たとえば特定の細菌への耐性を示す遺伝子など）、ほかの穀物に組み入れれば生産高を向上させることができるということだ。

シロイヌナズナとヒトのゲノム配列決定により、驚くようなことがたくさん見つかった。中でも興味深いのは、ヒトの病気や障害にかかわることで知られている遺伝子数個が、シロイヌナズナのゲノムにも見つかったことだ。[21] いっぽう、植物の生長にかかわる遺伝子数個がヒトのゲノムにも見つかった。植物の光への反応を仲介するCOP9シグナロソーム遺伝子群はその一例だ。[22] 科学者たちはシロイヌナズナのDNAを解読している最中に、ヒトの遺伝性乳癌に関与するBRCA遺伝子や、嚢胞性線維症に関与するC

FTR遺伝子、そして聴覚障害に関与する遺伝子多数を見出した。

ここで、注意しておきたいことがある。遺伝子は、その遺伝子が関与している病気にちなんだ名前をつけられることが多いが、その病気や障害を引き起こすために存在しているのではない。遺伝子を構成しているヌクレオチドにちょっとした変化が生じてDNAコードが乱れたとき（これを変異という）、その遺伝子が適切にはたらかなくなって起こるのが病気だ。ヒトの生物学の基礎をおさらいしておこう。DNAコードは頭文字をとったA、T、C、Gの四種類のヌクレオチドのみで成り立っている。これらのヌクレオチドの特定の組み合わせが、特定の蛋白質をつくるためのコード（暗号）となる。ごくわずかなヌクレオチドが変異したり欠失したりするだけで、コードを破滅的に変えてしまうことがある。BRCAは変異したり乱れたりしたとき乳癌を引き起こす可能性のある遺伝子だが、そうでないふつうの状態では細胞分裂するタイミングを決めるのに重要なはたらきをしている。BRCA遺伝子が正常に機能しなくなると、細胞分裂の頻度が高まり、癌につながるというわけだ。CFTRは、変異したり乱れたりしたとき嚢胞性線維症を引き起こすが、ふつうは塩化物イオンを細胞膜の内外に運ぶのを調節している遺伝子だ。この遺伝子が正常にはたらかないと、肺（およびその他の臓器）への塩化物イオン輸送がとどこおり、粘液が蓄積する。それは臨床的には呼吸器疾患としてあらわれる。

これらの遺伝子の名前は臨床的な結果からつけられたものでしかなく、当該遺伝子の生物学的機能とは無関係だ。さて、そうした遺伝子は植物では何をしているのだろう？シロイヌナズナのゲノムにＢＲＣＡやＣＦＴＲその他、ヒトの病気や障害に関与する数百の遺伝子が含まれているのは、それらが基本的な細胞生物学に欠かせないものだからだ。これらの重要な遺伝子は一五億年前ごろ、植物と動物の共通祖先である単細胞生物がすでにもっていたものだ。変異すればヒトに病気を起こさせる遺伝子がシロイヌナズナで変異した場合には、植物としての機能が乱されることになる。たとえば、シロイヌナズナの乳癌遺伝子に変異が生じると、シロイヌナズナの幹細胞（そう、シロイヌナズナにも幹細胞はある！）の分裂が異常に進み、植物全体が放射線に対して過敏に反応しやすくなる――ヒトの癌と同じ状態になるのである。[23]

　ではここで、「難聴」遺伝子にまで話を広げてみよう。変異したとき、ヒトでは耳が聞こえなくなる遺伝子だ。ヒトの「難聴」遺伝子は、これまでに世界中の研究室で五〇個以上が見つかっていて、そのうち少なくとも一〇個はシロイヌナズナにもある。シロイヌナズナのゲノムにこの遺伝子があるからといって、この植物が「聞こえる」ということにはならない。シロイヌナズナにＢＲＣＡ遺伝子があっても乳房がないのと同じで、耳がないからだ。ヒトの「難聴」遺伝子は耳を正しくはたらかせるのに必要な細胞機能を担っている。その遺伝子のどこかで変異が生じれば、結果として耳が聞こえなくなるということになる。

　ヒトの聴覚にかかわり、なおかつシロイヌナズナにも存在する遺伝子のうち四つは、ミオシンという蛋白質をつくるための遺伝子だ。ミオシンは運動蛋白質とも呼ばれ、細胞のまわりにあるさまざまな蛋白質と細胞小器官を運ぶための「ナノモーター」として作用している。[*16] そのミオシンの一つが内耳の有毛細胞を形成するのに重要なはたらきをしている。ここに変異が生じると、私たちの有毛細胞は正しく形成されず、音波に反応しにくくなる。植物の世界では、根に毛のような付属器があり（根毛と呼ばれる）、土壌から水分やミネラルを吸収するのに役立っている。シロイヌナズナの四つの「難聴」ミオシン遺伝子のどれかに変異が生じると、根毛が正しく伸びなくなり、土壌から水分をうまく吸えなくなる。[24]

植物とヒトの両方で見つかるミオシン遺伝子やその他の遺伝子は、細胞レベルでは似たようなはたらきをしている。しかし、各種の細胞がまとまって一つの生き物になったとき、その生き物としての目的は変わってくる。ヒトは内耳の毛を正しく機能させるためにミオシンを必要とする。それは、究極的には「聞く」ためだ。植物は根毛を正しく機能させるためにミオシンを必要とする。それは、土壌から水分と栄養素を吸うためだ。

植物の進化に聴覚は必要か？

ということで、真に科学的な研究によれば、いまのところ、いわゆる「音楽」は植物に影響しないと言っていい。しかし、少なくとも理論的に考えた場合、「音」に反応できたほうが植物にとって有利なのではないだろうか？　イタリアはフィレンツェ大学の国際植物神経生物学研究所所長、ステファノ・マンクーゾは、先ごろ音波を利用して、ワインで有名なトスカーナ地方のブドウ畑の生産性を上げてみせた(25)。だが、この音波の効果の裏側にある基礎生物学についてはまだよくわかっていない。

イスラエルのテルアヴィヴ大学で理論生物学者をしているリラチ・ハダニーは、進化の研究に数学モデルをあてはめている。彼女によれば、植物はたしかに音に反応しているが、それを示すにふさわしい実験的証拠がまだ出てきていないだけだという。これは科学全般において言えることだが、単に実験的証拠がないというだけで、ある仮説を間違いだと決めつけることはできないのだ。ハダニーは、植物の特定のふるまいに影響するとわかっている自然界の音を使う実験を組み立てるべきだと考えている。たとえばハチの羽音。ハチによる受粉においては、ブンブンいうハチが花を刺激して花粉を放出させている。このブンブンいう音は、ハチが翅（はね）を実際にはためかせることなく筋肉だけを急速に動かしているもので、高周波の振動となっている。ハチが、この振動で花を共振させせて花粉をこぼさせているだけなのだろうか？　それとも花がこの振動を検知して、それに合わせて花粉を放出してハチの体に付着しやすくしているのだろうか？　後者だとすれば、難聴の人々が振動で音楽を感じることができるように、植物はハチの羽音を振動で感じていることになる。この場合、音を聞く必要はない。あるいはひょっとすると、振動の「音」が私たちには想像もできないような形で植物に「聞かれて」いるのかもしれないが。

似たような方向性で、スイスのベルン大学ではローマン・ツヴァイフェルとファビアン・ツォイギンが、干ばつ期にマツとオークから超音波の振動が発散されていたことを報告した。[26] この振動は、水分輸送を担う導管の水分量が変化したことから発生する。この種の音は、崖から落ちた岩が砕けて音を出すのと同じで、物理的な力を受けて生じるものだ。だが、ほかの木が乾燥状態に備えるために、その超音波振動を信号として利用しているという可能性はないだろうか？

音波への植物の反応を厳密に研究するつもりなら、理解しておかなければならないことがある。まず、そもそも植物は「聞く」必要があるのかということ。つぎに、植物に何らかの聴覚のしくみがあるとしても、それは動物において進化してきた聴覚とはかなり違っているはずだということ。これまでに紹介した少数の例以外にも、おそらく一部の植物はきわめて小さな生き物が発する微量の音を検知しているはずだ。そのような場合には、現状で使えるようなレーダー網ではひっかからないだろう。

こうした可能性について思案するのは面白いが、数量的なデータを出せない以上、いまのところ、植物は「聞く」という感覚を進化の過程で獲得しなかったと判断すべきだ。偉大な進化生物学者のテオドシウス・ドブジャンスキーは、「生物学においては進化という前提なしにつじつまの合うものはない」と書いている。[27] このことを考えれば、本書でこれまで紹介してきたほかの感覚とは異なり、なぜ聴覚が植物に必要でなかったのかを理解できるはずだ。

ヒトその他の動物が聴覚から得られる進化的な優位性は、聴覚が、潜在的に危険な状況を警告する役割を果たしてくれることにある。ヒトの祖先は危険な肉食獣が森の中で忍び寄ってくるのを聞き分ける必要があった。だから私たちはいまでも、暗い夜道を歩いているとき自分のうしろから来るわずかな足音に気づく。エンジン音を聞けば、それは車がやってくるから注意しろという合図と受けとる。また、聞く能力があれば、ヒトどうし、あるいは動物どうしですばやくコミュニケーションすることができる。ゾウは超低周波の鳴き声を出して、かなり遠いところにいる仲間を見つけることができる。超低周波音はヒトの聴覚では検知できないが、物体をがたつかせながら数マイル先まで届く。イルカの群れは迷子になった幼いイルカをチーチーと鳴きながら捜すし、皇帝ペンギンは求愛行動として、あの独特な鳴き声を使う。こうした状況に共通するのは、音が情報伝達と対応に役立つということだ。対応というのは、危険から逃げるとか家族を捜すとか、たいてい動きをともなう。

植物は一つところに根を張って、動くことをしない生き物だ。太陽に向かって生長し、重力に応じて曲がることはできても、そこから逃げ出すことはできない。季節ごとに移住もできない。一つところにじっととどまり、移ろいゆく環境に対応する。また、植物は動物とは異なる時間の尺度で暮らしている。植物の動きは——オジギソウやハエトリグサのような植物は例外として——かなり遅く、ヒトの目では簡単にわからない。動けないから、動く合図になるようなコミュニケーションも必要ない。私たちが使っている迅速な可聴信号は、植物の世界では無用だ。植物には意図的に発声するような構造がない。風にそよぐ葉が立てる音や、ハイカーに踏みつけられて折れる小枝が出す音は物理的な音にすぎず、植物間のコミュニケーション手段とは関係ない。植物は十数億年も地球上で栄えてきて、およそ四〇万種の植物があらゆる土地を制圧してきた——一度も音を聞くことなく。しかし、たとえ植物に耳はなくても、自分がどこにいるかはしっかり自覚している。どちらの方向に茎を伸ばせばいいのか、自身を生長させるときどんな動きをすればいいのかについても。

＊10　音波はヘルツという単位で測定される。一ヘルツは、一秒間に一回の周波数に相当する。私たちが聞くことのできる音波は、低ピッチの二〇ヘルツから高ピッチの二万ヘルツまでだ。たとえばコントラバスの最低音（E）は四一・二ヘルツで振動し、バイオリンの最高音（E）は二六三七ヘルツで振動する。ピアノの最高音のCは四一八六ヘルツ、これより二オクターブ上のCになるとおよそ一万六〇〇〇ヘルツの振動となる。イヌの耳は二万ヘルツ以上の音波にも反応する（イヌの訓練用の犬笛の音は、ヒトには聞こえない）。コウモリは体内ソナーで一〇万ヘルツまでの音波を発したり検知したりすることができ、その機能を使って目の前に広がる景色を地図化する。ゾウは、ヒトには検知できない二〇ヘルツ未

満の音を聞いたり発したりすることができる。

＊11　二人が穏やかな音楽を選んだというのは興味深い。二人は、一九六〇年代から七〇年代に超音波（明らかに穏やかではない）を使ったオタワ大学のパール・ワインバーガーの研究を引き合いに出しているからだ(9)。

＊12　クリースは「ヴォルテックス・ヒーリング」にて教育を受けた。ヴォルテックス・ヒーリングとは、ウェブサイト（http://www.vortexhealing.com/）の記載によれば「神のヒーリングとは、ヒーリング術と気づきへの道。感情に基づく意識の根源を変え、肉体を癒し、人間の心の中で自由に気づくための、賢者マーリンの直系の教え」だそうである。

＊13　アサガオのつるが生長するときなどに見せる転頭運動のこと。

＊14　『植物の神秘生活』には、レタラックの研究の不十分な点の一部も指摘されている。

＊15　この数字は控えめだと思ってもらえるとありがたい。遺伝子の正確な定義が「進化」するにつれ、その数も変わりつつあるからだ。とはいえ、全般的な傾向と規模の把握には役立つはずである。

＊16　ミオシンが動いているところは、http://www.sci.sdsu.edu/movies/actin_myosin_gif.html のサイトで見ることができる。

5章　植物は位置を感じている

不満そうな木を私は見たことがない。木は地面をしっかりつかんで離さない。まるで地面を愛しているというように。しっかり根を張っているにもかかわらず、私たちと同じくらい遠くまで移動する。風に乗ってあらゆる方向に漂い、私たちと同様に行ったり来たりする。私たちとともに太陽のまわりを毎日二〇〇万マイル周回し、神のみぞ知る空間を速く、遠くまで旅をする。

——ジョン・ミューア

芽は上向きに、根は下向きに育つ。いかにも単純な話だが、植物はどこが「上」なのかをどうやって知るのだろう。もちろん太陽のあるほうだ、とあなたは思うかもしれない。でも、植物にとって「上」の合図が光だとしたら、夜はどうなるのだろう。暗くて湿った土に触れた種子が発芽するときには、何を合図にするのだろう。地中に埋められた種子が発芽するときには、何を合図にするのだろう。地中にあることが「下」の合図だというのなら、バンヤンやマングローブなど、地上数メートルもの空中で根を伸ばす植物でも根はかならず下向きになることを、どう理解すればいいのだろう?

植物を上下逆さまにすると、そこから向きが再設定され、ふたたび根は下へ、芽は上へと伸びる――ネコが背中側から落ちるとき、着地する前に回転して腹側を下にするように。科学者たちは折にふれてその場面を動画で記録してきた。[*17] おまけに植物は、自分が上下逆さまになっているかどうかを知っているだけでなく、自身の枝葉の位置を絶えず確認していることが、数々の実験からわかってきた。植物は、地面に対して垂直に育っているのか斜めに育っているのかを知っている。つるは、巻きつくための最寄りの支柱がどこにあるかを探し当てる。ネナシカズラが寄生するのに適した植物を探しながら空中でくるくる回転している光景を思い出してほしい。だが、植物は空間の中で自分の位置をどのようにして知るのだろう。そしてそのことを、私たちはどうしたら確かめられるのだろう?

いわゆる「五感」以外の六番目の感覚が、世間で話題になるような超感覚的知覚（テレパシーや透視など）ではないことを、私たちはそれこそ第六感で知っている。六番目の感覚、それは「固有感覚」と呼ばれるものだ。固有感覚とは、私たちが体を動かしたときに体の各部位が互いにどんな位置関係にあるのかを、いちいち見て確かめなくてもわかるという感覚だ。ほかの感覚が光、匂い、音など外部からやってくるものを知ることであるのに対し、固有感覚は体の内部の状態を知ることだ。この感覚があるおかげで、歩くときに両脚をスムーズに動かしたり、野球のボールを受けるのに腕をさっと伸ばしたり、首のうしろがかゆくなったときにそこを掻いたりできる。この感覚がないと、歯を磨くというような簡単な動作さえできなくなる。

固有感覚は、喪失しないかぎりふだんは意識することのない感覚だ。あるいは、あなたは酔っぱらったときに固有感覚が正常でなくなっている状態を経験しているかもしれない。警官が路上で飲酒運転の疑いのあるドライバーを呼びとめて、飲酒検査をする理由もそこにある。目を閉じたまま鼻にさわるよう命じるだけで、そのドライバーの固有感覚がはたらいているかいないかがわかる。しらふなら問題なくできることが、酔っぱらっていると簡単にはできない。

固有感覚がどんなものかを理解するのは少々むずかしい。ほかの感覚と違って、それを受け入れる器官がはっきり決まっていないからだ。視覚なら目、嗅覚なら鼻、聴覚なら耳から情報が入ってくる。触覚も、皮膚の神経を通じてやってくる。ところが、固有感覚は、平衡感覚を伝える内耳の信号に加えて、位置感覚を伝える全身の神経からの信号が統合されてやってくるのだ。

聴覚に必要な内耳構造のそばには、三半規管という小さな部屋と前庭から成る複雑な器官がある。私たちはそこで頭部の回転を感知する。三つの半規管は互いに直角に向き合い、ジャイロスコープに似た構造を形づくっている。管の内部はリンパ液で満たされており、頭の位置が変わると液が動く。その動きは管の根元にある知覚神経に伝わる。三半規管は三方向の面で構成されているため（三次元）、すべての方向への動きを伝えることができる。やはりリンパ液がつまっている前庭には感覚毛が生えていて、さらに耳石が備わっている。耳石は結晶状の粒子で、重力に合わせて沈む場所が変わるため、その圧力（刺激）が前庭の感覚毛に伝わる。おかげで私たちは、直立しているのか、体を横たえているのか、逆立ちしているのかがわかる。前庭内で耳石の圧力がどこにかかるかで、上と下の区別もつく。遊園地のアトラクションに乗ったあと上下左右の感覚がおかしくなってしまうのは、耳石が急に揺さぶられて正常に機能しなくなるからだ。

内耳のこのしくみは平衡感覚を維持するのに役立っているが、全身に張りめぐらされた固有感覚神経はすべてを統合した状態を維持し、固有感覚受容体が手足の位置情報を脳に伝える。固有感覚神経は、圧や痛みを感じる触覚神経とは別物で、筋肉や靭帯、腱など体のもっと奥深いところにある。たとえば、ひざ関節の中にある前十字靭帯には、下肢からの固有感覚情報を伝える神経が走っている。私は数年前、息子とスキーをしていたときに前十字靭帯を切ったことがあった。この事故後、歩行困難になって何度も自分の足につまずいた。下肢からの位置信号を受けとれなくなっていたのだ。やがて、下肢にある別の神経から送られてくる情報を脳が再統合するようになってやっと、私はふつうに歩けるようになった。

固有感覚には大きく二つのはたらきがある。じっとしているとき（静止時）に体の各部位の相対的な位置を知ることと、動いているとき（動作時）に体の各部位の相対的な位置を知ることだ。固有感覚は平衡感覚だけでなく、連携された動作をするのにも欠かせない——手を振るという単純なものから、道を歩くというやや複雑なもの、オリンピック選手が平均台の上で宙返りをするというようなひじょうに複雑なものまで。静止時と動作時の体の位置を知るという二つのはたらきは植物にもあてはまり、長年、多くの植物学者の注目を集めてきた。

上か下かを知る遺伝子を探せ

ダーウィン著『植物の運動力』の出版より一世紀以上も前の一七五八年、フランスの海軍技師で植物学者のアンリ＝ルイ・デュアメル・デュ・モンソーは、苗を上下逆さまにすると根は伸びる方向を変えて下に向かい、芽は曲がって上へ、空中へ伸びることを観察している。[1] 根が重力に従うように伸びて（正の重力屈性）、芽が重力に逆らって伸びる（負の重力屈性）という単純な事実からは、多くの疑問と仮説が生まれ、いまも世界中の研究室に影響を与えている。デュアメルの報告を読んだ科学者の多くは、根の方向転換は重力と関係しているはずだと考えた。しかし、イギリスの王立協会の特別研究員だったトマス・アンドルー・ナイトはそのおよそ五〇年後に、「重力が植物の生長に影響するということを実験で証明した研究はまだない」と指摘した。[2] 多くの科学者はデュアメルの観察を重力説の証拠と解釈したものの、それを科学的に厳密な実験で確かめたことはなかった。ナイトはそれを自分でやってみることにした。

ナイトは地主階級の一員として、イングランド中西部の、周囲を広大な庭園や果樹園、温室に囲まれた城で暮らしていた。とくに科学者としての教育を受けたわけではないが、一九世紀の上流階級らしく趣味で科学を追究しているうちに園芸の専門知識をつけてい

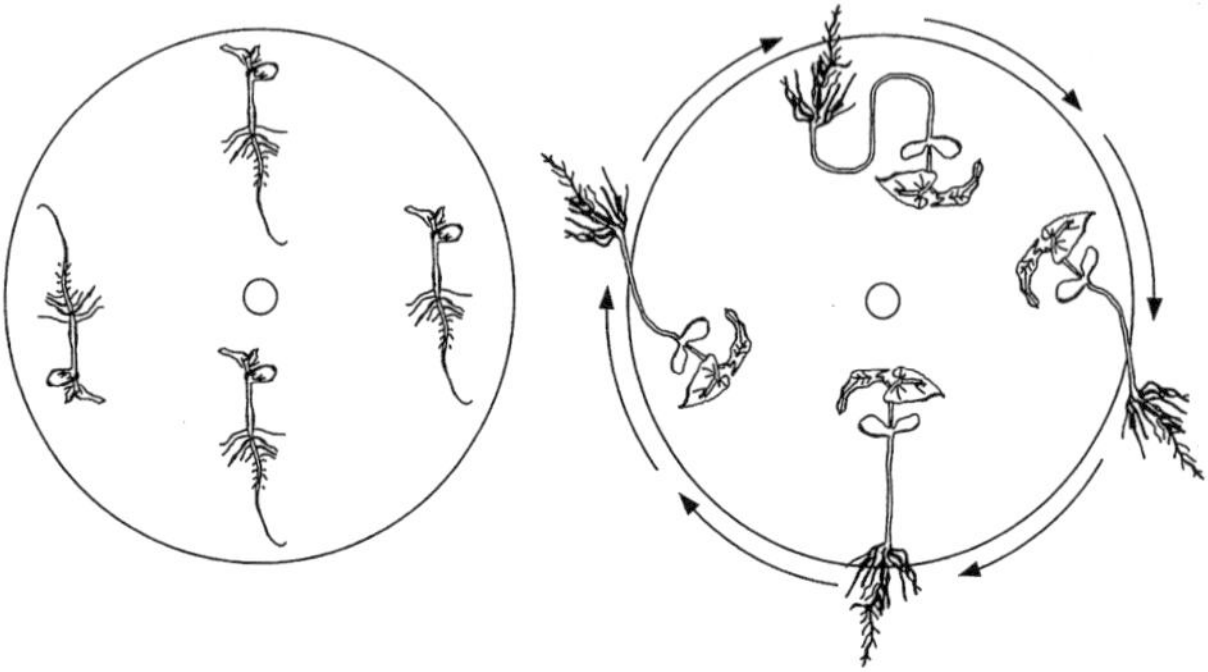

ナイトの実験を簡単に図式化したもの。左は実験前、右は実験後。

き、やがて当時の植物生理学の第一人者となる。彼は、植物が上下をどう判断しているのかを研究するため精巧な実験器具を開発した。地球の重力の影響を打ち消すと同時に、根を引きつけるであろう別の遠心力を与えるという器具だ。まず、地所内を流れる小川に水車を設置し、車輪の動きに合わせて回転するよう木の板をとりつけた。そして板の周囲にマメの苗を数本、根の先が中心や外側、斜めなどいろいろな向きになるようしばりつけた。

そして車輪を数日間、毎分一五〇回転というスピードで回し続けた。板が回転するたびに苗は上下が逆転するため、重力の影響は打ち消される。数日後に車輪を止めると、すべての苗の根は外側に、芽は中央に向かって伸びていた。

ナイトは間に合わせの遠心機で重力を模した力を苗に与え、根がいつも遠心力の方向に育つこと、芽はその反対側に育つことを示してみせた。この実験はデュアメルの観察を裏づける初の証拠となった。デュアメ

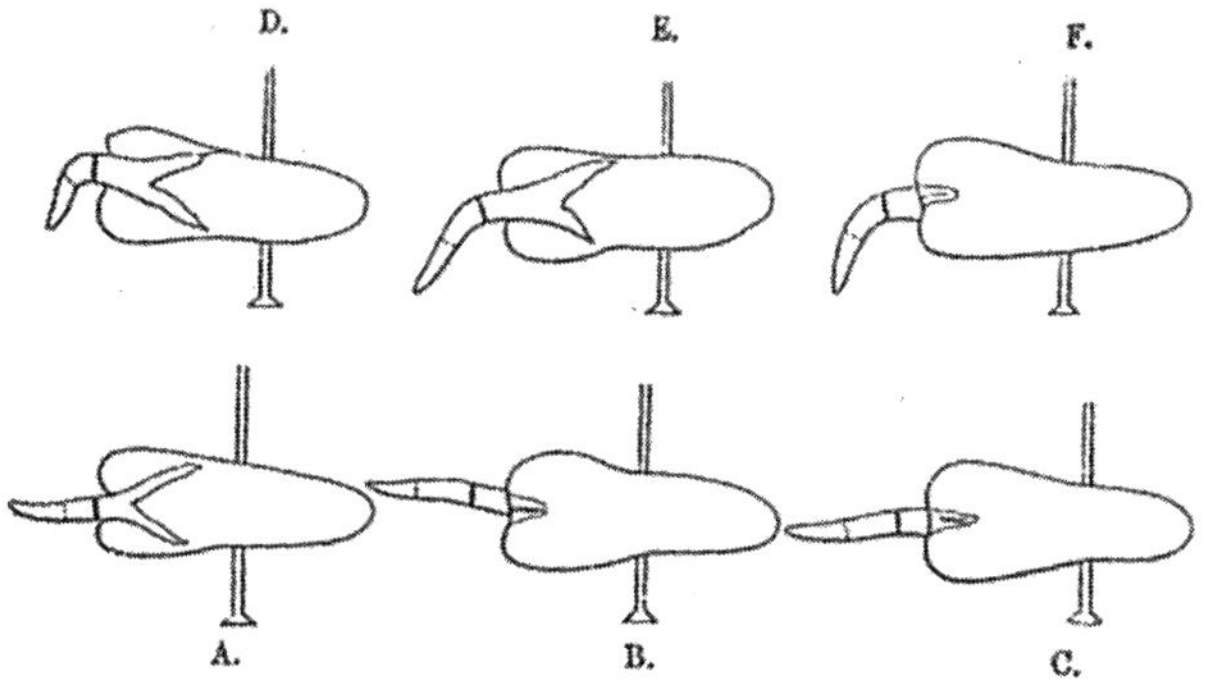

ダーウィンと息子のフランシスがおこなった重力の実験のスケッチ。

ルが唱えたとおり、根と芽は重力に反応する。しかも自然の重力だけでなく、人工的につくり出した重力にも反応することをナイトは示してみせた。ただし、これだけでは植物がどのように重力を感知しているのかの説明にはならない。

この疑問についての研究は、一九世紀の終盤にふたたび盛り上がりを見せた。植物の科学への関心と疑問が高まる中、この分野で決定的な実験をしたのがダーウィンとその息子のフランシスだ[3]。父子はいかにもダーウィン流のやりかたで、根気のいる詳細な研究をおこなった。植物はどの部位で重力を感じているのかを特定しようとしたのだ。二人は当初、根の先端に光受容体に似た「重力受容体」なるものがあるはずだと仮説を立てた。それを検証するため、マメ、エンドウマメ、キュウリの根の先をいろいろな長さで切りとって、湿った土の上に横たえた。根は伸び続けたが、土の下のほうに曲がって伸びる能力は失われていた。根の先っぽを〇・五ミリ切断するだけで、植物は重力に対する全般的な感度をなくす！　切断した数日後に根の先が新しく生えてくると、その根はふたたび重力に反応し、以前のように土の中へと下向きに伸びることにもダーウィン父子は気づいた。

この実験結果は、ダーウィンが屈光性の研究をしたときに発見したことと似ている。屈光性の実験では、光を「見る」のは芽の先端だが、実際に光の方向に曲がるのはその情報を送られた中央部だということがわかった。同じように今回の実験でダーウィン父子は、重力を感じるのは根の先端だが、根を曲げる部位はもう少し上のほうだということを示した。根の先端は重力の方角という情報を何らかの形で根全体に送っている、と二人はさらなる仮説を立てた。

この仮説を検証するため、ダーウィンは根を出したばかりのマメを土の上に横向きに置いてピンを刺して動かないよう固定し、今回は九〇分待ってから根の先を切った（ふつう植物は横向きに置くと、数時間たってから根の伸びる方向が変わる）。その結果、根は先端がなくてもあいかわらず下側へ向かうことがわかった。根の先は、切りとられるまでの九〇分間に「下向きに曲げろ」という指示を根の上のほうに送ったのだとダーウィンは考えた。ダーウィン父子は六種類の植物で同様の実験をし、さらに根の先を切断するのではなく硝酸銀で焼いてもみたが、同様の結果を確認した。根の先端は即座に重力を感知して、どちらの方向に生長すべきかの情報を全身に送っている、と二人は結論づけた。

植物が上下をどう判断しているかについての理解は、一八世紀から一九世紀にかけて飛躍的に進展した。まずデュアメルが、どんなときでも「根は下へ、芽は上へ」伸びることを見出し、つぎにナイトが伸びる方向を決めているのは重力だと推察した。それからダーウィン父子が、重力を感知するしくみが根の先にそなわっていることを解明した。さらに二〇世紀後半になって、ダーウィン父子が出した結論は分子遺伝学研究によって追認されることになる。[4] 根の最先端（根冠という部位）の細胞が重力を感知していることがわかったのだ。

ヒトの耳石、植物の平衡石

根を下に伸ばすためには根の先っぽが無傷でなければならないとすれば、芽が空中に向かって伸びるためには芽の先っぽがなくてはならないはずだと、みなさんは考えることだろう（ダーウィンもそう考えた）。なにしろダーウィンは、芽の先を切りとった苗が太陽の方向に曲がっていかないことを実験で示した人物だ。ところが、植物は芽の先端を切りとられても生長し続ける。「負の重力屈性」の能力は健在なのである。ということは、根が重力を感じる方法と芽が重力を感じる方法は違うのだろうか？

植物が重力にどう気づくのかについて、現在わかっていることの大半は、おなじみの実験用植物であるシロイヌナズナの研究からもたらされた。1章で紹介したマーテン・コールニーフが光受容体に欠陥のある「盲目植物」を見つけようとふるいにかけたように、多くの科学者が上下を判断できない変異遺伝子をもつシロイヌナズナを見つけようとふるいにかけた(5)。そのための方法は説明するだけなら単純だ。変異させた数千のシロイヌナズナの苗を一週間育てたのちに、水平にしていた苗の容器を垂直に立てる。ほぼすべての苗は、芽を上に、根を下にと育つ向きを変えるはずだ。しかし、方向を変えないまま育ち続ける苗がごくたまに出現する。これが、重力感覚をなくすよう変異したシロイヌナズナだ。*18

このような変異型シロイヌナズナの多くは、芽だけでなく根でも、上下を区別する能力を失っている。しかし中には、根だけ、あるいは芽だけ正常に伸びないものも見つかる。ということは、重力の感知方法が根と芽では違うという推測が成り立つ。たとえば、「スケアクロー」と名づけられた遺伝子に変異があるシロイヌナズナの芽は、横向きに置かれたことに気づかず水平方向に生長し続けた（芽における負の重力屈性に欠陥が生じていた）(6)*19。ところがこのシロイヌナズナの根はちゃんと下向きに伸びる（根における正の重力屈性は維持されている）。日本のアサガオに「シダレアサガオ」という栽培品種があるが、これも芽に上下を判断する力がない。ふつうは上に伸びるアサガオが垂れながら育つので、観賞用に重宝されている品種であるが、科学者にとっては重力屈性を研究するまたとない材料となる。最近の遺伝学研究から、シダレアサガオも「スケアクロー」遺伝子に変異が生じていたことがわかった(7)。ここでまた疑問が生じる。こうした変異体は結局のところ、重力感知のしくみが地上と地下の部位で異なるという推測の証拠になるのだろうか？

じつのところ、シダレアサガオの例は、根と芽で重力感知のしくみが違うかどうかは教えてくれない。しかし、重力感知する場所が違うことは教えてくれる（私たちはダーウィンの研究からすでに知っているが）。ニューヨーク大学のフィル・ベンフィの研究室にいる科学者たちは、スケアクロー変異体を使って茎のどの部分が重力を感知しているのか突き止めようとした。そして二一世紀になったばかりのころ、スケアクロー遺伝子は内皮の形成に欠かせない遺伝子であることを発見した[8]。内皮とは、植物の維管束組織を包み込んでいる細胞集団だ。内皮は根においては、水やミネラルやイオンなどの物質を、いつどれだけ維管束を通じて地上部分に送るかを調整する「関門」のはたらきをしている。スケアクロー遺伝子が変異している植物には内皮がない。内皮がないと根は短く弱くなるが、それでもちゃんと下に伸びる。根の先端にある重力センサーにはもともと内皮がないからだ。つまり、スケアクロー変異体のシロイヌナズナは根の先端に変異の影響を受けないため「下」がどこかを知っているのだ。

しかし、もし茎に内皮がなかったら

アサガオ（*Pharbitis nil*）

「上」がどこかを知る方法がないため、その植物の方向感覚は損なわれる——根を切断されたときと同じように。つまり、植物では根の側と地上部分で重力を検知する組織が二種類あるということだ。根の側では根の先端部、茎では内皮だ。ヒトの「重力受容体」は内耳にしかないが、植物のそれは根の先端や茎など多くの部位にある。

では、根の先端と内皮にあるこの特別な細胞集団は、どのようにして重力を感知するのだろうか。その答えはまず、根冠の研究からやってきた。根冠の細胞内の微小な構造が、顕微鏡によって明らかになったのである。根冠の中央部にある細胞には、「平衡石」というヒトの耳石に似たものがある。平衡石は密度の高い球状のもので相対的に重いため、根冠細胞の中で最も低い場所、つまり「底」の部分におさまる。[*20] 根を横向きに置くと、平衡石はその体勢で最も低い「底」に移動する。ビーズを入れたビンを横向きにすると、下側になったビンの側面部にビーズが移動するのと同じことだ。驚くにはあたらないが、植物の地上部で平衡石を有しているのは内皮の細胞だけだ。植物を横向きにしたとき、内皮の平衡石は細胞の片側に寄り、この部分が新しい「底」となる。平衡石が重力に反応するのなら、平衡石はまさしく重力受容体だと科学者たちは提唱した。

もし、平衡石が植物の重力受容体だとすれば、平衡石の位置をずらすだけで植物が生長する向きは変わるはずだ。この仮説を検証する実験を遂行するには、分子遺伝学の時代の到来と、宇宙飛行実験という稀有なチャンスを待たなければならなかった。

過去二〇年、オハイオ州のマイアミ大学ではジョン・キス率いる研究チームが、平衡石がほんとうに植物の重力受容体なのかどうかを確かめるため、科学玩具でおなじみの装置を利用してきた。キスは、疑似重力をつくり出す高勾配磁場で、平衡石が横方向に動くよう促した[9]。植物を横向きに置くのと同じ効果を狙ったのだ。すると、根は平衡石が動いたのと同じ方向に曲がった。平衡石が右にいけば根も右に、平衡石が左にいけば根も左に、というように。この実験結果は、平衡石の位置が植物に「下」がどこかを教えているという理論を裏づけた。キスはつぎに、重力がなければ平衡石は細胞の「底」にたまらないから、植物はどこが「下」なのか、わからないのではないかと考えた。もちろん、この仮説を検証するには無重力状態で実験しなければならない。地球のまわりを回る宇宙船の中のような環境で。

スペースシャトルに乗せた植物は重力の影響を受けないから、平衡石は「底」にたまらず細胞内に拡散する。その植物に重力屈性はあらわれないだろう、とキスは考えた[10]。こうした研究を通じて、植物がなぜめざした方向へ「動ける」のかという疑問への答えが見えてきた。ヒトが平衡感覚の受容器として内耳に耳石を必要としているように、植物は重力を感じるために平衡石を必要としているのだ。

ひっくり返されたマメの根が重力に反応したり、窓際に置いた鉢植えのチューリップが太陽のほうに傾いたり、ネナシカズラがそばに生えているトマトににじり寄ったりするふるまいは、どれも似ている。植物は環境（重力や光や匂い）の変化を感じとり、その刺激に対して屈曲する。刺激はさまざまだが、反応は似ている——特定の方向に生長するのだ。本書ではこれまで、植物が重力（および光や匂い）をどう感じるかについて多く語ってきたが、こうした感覚の情報を生長や屈曲というふるまいにどう変えていくのかについてはまだ語っていない。ここで、1章で紹介したダーウィンの屈光性実験を見直してみよう。ダーウィンは、草の芽の先端が光を「見た」あと、その情報を中央部に伝えて光の側に屈曲させたことを示してみせた。これは、根冠が重力を感じて、その情報を根に送って下向きに伸ばすよう促すのと似ている。ネナシカズラがトマトの匂いを嗅いでその方向へ曲がるのも、同じようなものだろう。

二〇世紀初頭、デンマーク人植物生理学者のピーター・ボイセン＝イェンセンは、ダーウィンの屈光性実験を発展させた実験をおこなった(11)。彼はオートムギの芽の先端を、ダーウィンと同じく切りとった。そしてその先端をふたたび元の場所に戻すのだが、そのときちょっとした工夫をした。切りとった先端と、あとに残った芽の切断面のあいだに、ゼラチンフィルムまたはガラスフィルムをはさんだのだ。光を横からあてると、ゼラチンのほうの苗は光の方角に曲がったが、ガラスのほうはまっすぐなままだった。こうしてボイセン＝イェンセンは、植物の先端から送られる信号が可溶性のものであることを突き止めた。ゼラチンの中は通り抜けるが、ガラスは通り抜けられないとすれば、水に溶ける物質だ。だが彼には、その可溶性の物質がどんな化学作用をもった物質なのかはわからなかった。

一九三〇年代前半に科学者たちはついに、芽の先端からゼラチンを通り抜けて茎まで伝わる生長促進物質の分離に成功し、その化学物質を「増加」を意味するギリシャ語をもじって「オーキシン」と呼ぶことにした。植物にはさまざまなホルモンがあるが、オーキシンほど多くの生理作用や機能に関与しているものはない。その一つに、細胞に「伸長せよ」と伝える機能がある。植物に光があたると、オーキシンは光のあたらない側に蓄積してその部分の茎を伸ばす。結果として、茎は光がやってくる方向に曲がる。重力はオーキシンを根の上部に集めてそこを伸ばし（根は下に伸びる）、茎や葉では下部に集めてそこを伸ばす。刺激の種類が違えばそれを受けとる感覚器も違うが、植物の感覚機構の多くはオーキシンを使って運動という反応を起こす。

オートムギ（*Avena sativa*）

宇宙での実験

この章の最初のほうで語ったように、固有感覚は上下を判断するだけでなく、あなたが動いているとき体の各部位がどこにあるかを感知する。ミハイル・バリシニコフが舞台の上を片足立ちのまま跳んだり着地したりするとき、彼はバランスを完全に保っているのはもちろん、体のあらゆるパーツの位置を正確に意識している。脚がわき腹からどれだけ離れているか、肩の高さに対して手の高さがどれだけ高くなっているか、胴体を何度に傾けているかを。植物は一つところに根を張っていて、別の場所に移動することが不可能だ。しかし、だからといって植物を「動かない」生き物だと決めつけるのは早計だ。気長に観察してみれば、動かないはずの植物がじつは、バリシニコフの舞台のように複雑な振りつけを演じ続けていることがわかる。葉はカールしたり伸びたりしているし、花は開いたり閉じたりしている。茎は旋回したり曲がったりしている。

こうした動きは低速度撮影の映像で見るとよくわかる。実際、低速度撮影法が発明されてすぐに応用されたことの一つが、植物の撮影だった。ダーウィンの友人ユリウス・フォン・ザックスの門下であるヴィルヘルム・ペッファー教授は、チューリップからオジギソウ、ソラマメなどさまざまな植物が動いているところをフィルムに収めた。彼が撮影した映像は一世紀以上前のものなので解像度は低いが、いま見ても十分に魅力的だ。[*21] しかしダーウィンは、低速度撮影法が開発されるよりずっと前から時間と手間のかかるローテク技法で辛抱強く植物の運動の研究をした。植物の上にガラス板を吊るし、数分ごとに茎の先端の位置がどこにあるか、ガラスに印を入れていったのである。その印を線でつなぐと、対象にした植物がどう動いたかが図式化できる。不眠症だったことで知られるダーウィンであるが、三〇〇種を超える植物を観察するには徹夜した日も少なからずあったに違いない。そうして記録するのに成功したものの一つが、上図に示した野生種キャベツの苗の先端の動きである。

ダーウィンは、どんな植物もらせん状に振れながら動くことを見出し、それを回旋転頭運動と名づけた。[*22] このらせんパターンは種によって違いがあり、単純な円形を描くものもあれば、長円形や、スピログラフのように重なりながら少しずつずれていく軌道の形をくり返すものまである。驚くほど大きな動きをする植物もあり、マメの芽などは半径一〇センチもの円を描く。イチゴの苗は数ミリメートルしか動かない。動くスピードも可変要素だ。チューリップはおよそ四時間で一回転という一定の速さで動くが、速さが一定しない植物もある。シロイヌナズナの茎は一回転するのに一五分から二四時間という幅があり、コムギは通常、二時間ごとに一回転をこなしていく。このような種ごとの違いが何に起因するのかは不明だが、環境要因と内部要因がスピードに影響することはわかっている。ポーランド人科学者のマリア・ストラシュの研究によれば、小

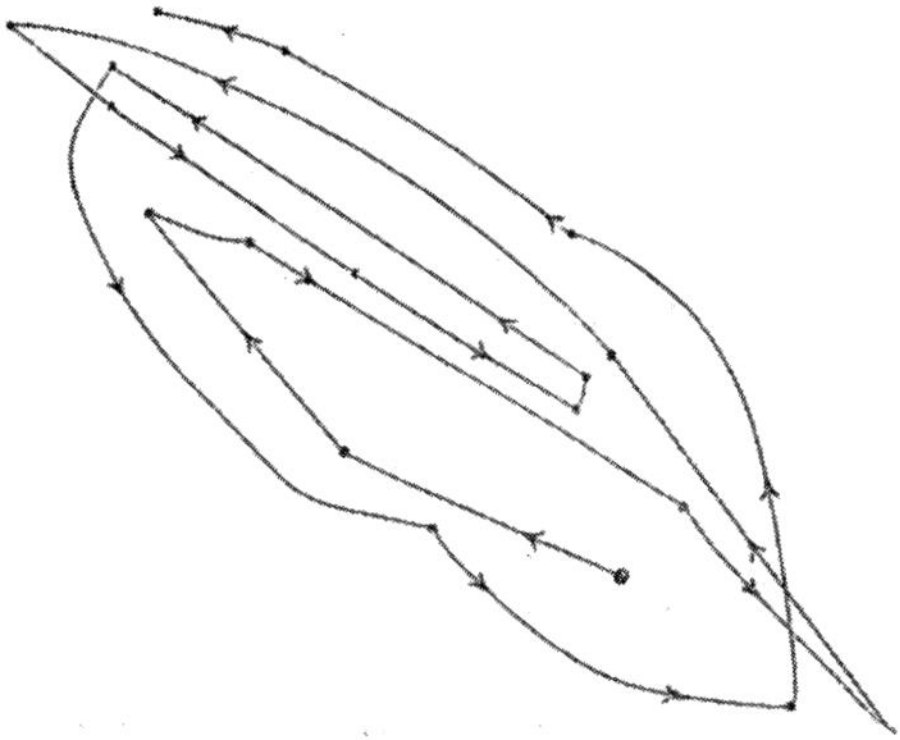

ダーウィンが10時間と45分かけてトレースした、野生種キャベツ（*Brassica oleracea*）の苗の先端の動き。

さな炎でヒマワリの葉をたった三秒間焼いただけで、一回転にかかる時間が二倍にもなったという。[12] しばらくたつと、そのヒマワリの回旋転頭は元のスピードに戻ったそうだ。

ダーウィンは夢中になって研究し、回旋転頭運動はすべての植物に生来組み込まれたふるまいであると考えた。さらに、こうしたらせん状のダンスはすべての植物が動くときの原動力になっていると考えた。彼は、屈光性と重力屈性は回旋転頭運動の変形、つまり特定の方向に目標を定めた回旋転頭運動の一種だと推論したのである。この仮説に八〇年後に挑んだのが、スウェーデン、ルンド技術研究所のドナルド・イスラエルソンとアンダース・ヨンソンだ。[13] 二人は、植物の回旋転頭運動は単に重力屈性の結果にすぎない（原因ではない）というダーウィンとは異なる仮説を思いついた。二人の推論はこうだ。植物は生長するとき、風や光や物理的な障害物によってわずかに茎の位置が変わると、平衡石が位置ずれを起こす。すると茎は、姿勢を正そうと上向きに曲がる。外部要因が植物を乱暴に振り回したときも同じだ。

しかし、この屈曲はしばしば目標を超えて行き過ぎる。パンチングバッグを殴ったら、戻ってきたパンチングバッグに打ちのめされるというのは古典的な演芸だが、茎も同じように、直立姿勢に戻すつもりでがんばって屈曲すると、勢いあまって反対側に振れてしまう。すると今度は反対側に平衡石がずれるため、さらに反対側に向けて重力屈性がはたらく。これもまた行き過ぎて……というようにくり返されるのが、ダーウィンがキャベツやクローバーで観察した回旋転頭運動の正体ではないか。パンチングバッグがバランスをとり戻すまで左右に揺れ続けるのと同様に、植物の茎は平衡状態を求めて空中で行ったり来たりしている、というのだ。

つまり、植物の旋回ダンスについて、ダーウィンがすべての植物に組み込まれたふるまいだと考えたのに対し、イスラエルソンとヨンソンは重力がそれを引き起こしていると考えたのだ。この二つの対立理論の検証は、二〇世紀も終わりにさしかかった宇宙飛行時代の到来までもち越されることになった。もしダーウィンの理論が正しいなら、無重力状態でも植物は回旋転頭運動を続けるはずだ。イスラエルソンとヨンソンの理論が正しいなら、宇宙空間で植物の回旋転頭運動は起こらないことになる。

ヒマワリ（*Helianthus annuus*）

宇宙計画がまだ初期段階だった一九六〇年代、著名な植物生理学者のアラン・H・ブラウンは、バイオサテライト三号計画の一環として宇宙でシロイヌナズナの初回実験を構想していた。ブラウンが考えていた実験とは、無重力状態で植物が回旋転頭運動を続けるかどうかを見るものだった。[*23] バイオサテライト三号計画は予算削減で中止となったため、ブラウンは一九八三年まで待たされた。(14) そうして実現したものは、スペースシャトルでおこなわれた初の植物実験の一つとなった。スペースシャトル、コロンビア号に搭乗した宇宙飛行士たちは、軌道を周回しているあいだ、ヒマワリの苗の動きを観測した。そのデータは地上にいる科学者に送信された。ヒマワリの苗は地上でぐいぐい動くため、この実験のモデルにするにはうってつけだった。(15) 地上から遠く離れたコロンビア号の上で、ヒマワリの苗はほぼ例外なく、回旋転頭運動をしてみせた。重力がほとんどない状態でも、地上と変わらぬ動きを続けたのである。この結果はダーウィンの理論を強く支えた。

しかし、回旋転頭運動は重力の結果であるというもう一つの仮説を見直してみよう。数年前、日本の宇宙航空研究開発機構の高橋秀幸が率いる研究チームは、シダレアサガオを使って回旋転頭運動が起こるかどうかを調べた。(16) このアサガオ変異体は、芽に重力を感知する内皮が欠けている。案の定、重力に反応しないこのアサガオ変異体は、ふつうのアサガオのようにらせんを描きながら伸長しなかった。平衡石が小さいか不完全なシロイヌナズナの変異体も、らせんを描かなかった。こうした実験結果は、回旋転頭運動は重力屈性によって引き起こされるという説の裏づけになるから、ダーウィンが知ったら不満に思ったことだろう（いや、これは冗談だ。ダーウィンならこの結果を高く評価したはずだ。自分の仮説をもとに修正が加えられ、それを検証する新しい実験へと発展したのだから)。

高橋は、彼の実験とコロンビア号の実験に矛盾が生じたのは、地上ですでに芽を出した苗をスペースシャトルに乗せたからではないか、そのせいで回旋転頭運動が宇宙空間でも継続されたのではないか、と説明を加えた。そう言われてみればもっともだ。地球上で芽を出した種子と、宇宙で芽を出した種子とでは性質が違うのかもしれない。もしそうなら、一〇日間しか使えないコロンビア号での実験は、かならずしも正しい答えにはならないということだ。

二〇〇〇年に運用開始となった国際宇宙ステーションは、植物に対する重力の影響を調べるための長期実験設備を用意した。アンダース・ヨンソンが四〇年近くも温めてきた仮説は、彼の同僚であるノルウェー人科学者たちが引き継いだ。彼らは二〇〇七年、宇宙ステーション上で数か月かけて実験した(17)。その実験は宇宙ステーション内で発芽したシロイヌナズナを長期実験用の特別室で育てるというものだ。位置と動きは数分ごとに自動撮影装置でモニタリングする。宇宙ステーション内のかぎりなく無重力に近い環境で、シロイヌナズナはごくわずかながらも旋回運動を示した。ダーウィンが予測し、ブラウンがその目で観察した「動き」はたしかに実証された。とはいえ、地上での観察と比べると旋回半径は小さく運動速度も遅いことから、あらかじめ組み込まれている機能を増幅させるのに、やはり重力は欠かせないように見えた。

宇宙ステーションの特別室では、遠心機を使って疑似重力を与える実験もおこなわれた。一九世紀初期にナイトが水車で試みたのと同じ理屈の実験だ。遠心機が回っているあいだ、シロイヌナズナはカメラで連続モニタリングされた。すると、シロイヌナズナは重力を感知するやいなや、大きな円を描きはじめた。旋回半径もスピードも地上での観察と変わらない。このことから、植物の回旋転頭運動に重力は欠かせない要素であることはもちろん、重力が内因性の性質を調整したり増幅したりする役割を果たしていることが明らかになった。回旋転頭運動は植物に生来備わったふるまいだというダーウィンの説は、少なくとも私たちが知るかぎり、正しかった。だがこのふるまいは、本来の力を完全に発揮させるのに重力の助けを要する。[*24]

釣り合いをとりながら育つ

植物は一度に多方向に引っぱられることがある。太陽が斜めからあたればそちらに曲がろうとし、曲がったところの平衡石が移動すれば、またまっすぐに戻ろうとする。こうした矛盾する信号の中で、植物はその環境に最適な位置を定めようとする。巻きつく支柱を探すブドウのつるは、近くにあるフェンスの影に引きつけられ、重力のおかげでフェンスのまわりをくるくる回ることができる。小窓の横に置かれた植物は光に引きつけられ、横向きに伸びようとするが、同時に、上に伸びることを重力が教える。ネナシカズラはトマトの匂いのあるほうに伸びるが、重力屈性のおかげで上へも伸びていける。ニュートン力学のとおり、植物の各部位の位置はそこに作用する力のベクトルの合計で決まる。それにより、植物は自分がいる位置と、どの向きに生長すべきかを知る。

ヒトも植物も、重力に似たような方法で対応しており、位置と平衡の情報はそれを知らせてくれるセンサーからとり入れている。しかし、ヒトは動くとき、体の各部位がお互いにどんな位置関係にあるかを知っているだけでなく、動きを憶えている。だからこそ、その動きを何度も何度もくり返すことができる。植物も、過去の動きを憶えているのだろうか？

＊17　横向きにされた根が、向きを変えて下に伸びるところを撮影した動画が、http://phytomorph.wisc.edu/assets/movies/gravitropism.swf にある。http://plantsinmotion.bio.indiana.edu/においても興味深い動画が見られる。
＊18　この種の研究では、まず種子を化学処理してＤＮＡの変異を誘発しておく。この処理によって重力屈性に関与する遺伝子に変異が起こる可能性はひじょうに低いため、何千という苗をテストしなければならない。だが幸運にも、シロイヌナズナの苗はサイズが小さいおかげで、大量のスクリーニングテストが比較的容易にできる。
＊19　シロイヌナズナにしてもほかの生き物にしても、変異体に名前をつけるのはその分離に成功した科学者の特権である。変異体の名前はイタリック体の小文字

で表示され、変異した遺伝子の名に対応する。科学者の中には自己主張を控え、自分が分離した変異体に、明らかな特徴にちなんだ名前をつける人もいる（根の短いシロイヌナズナの変異体をショートルートと名づけるなど）。シロイヌナズナの変異体にはもっと創造的な名前もある。スケアクロー（カカシという意味）、トゥーメニーマウス（口が多すぎるという意味）、ウェアウルフ（人狼という意味）などがそうだ。

＊20　高等植物の平衡石はアミロプラストとも呼ばれている。これは葉緑体が変性したもので、葉緑素のかわりにでんぷんを含んでいる。

＊21　http://www.dailymotion.com/video/x1hp9q_wilhem-pfeffer-plantmovement_shortfilms#from=embed

＊22　回旋転頭運動を見るには、以下の映像が参考になる。http://www.pnas.org/content/suppl/2006/01/11/0510471102.DC1/10471Movie1.mov

＊23　実際には、衛星軌道には〇・〇〇一％という小さな重力があるため、完全な無重力状態ではない。

＊24　なお、重力感知に関する全体的なしくみはもっと複雑で[18]、単に平衡石が細胞内で移動するだけではない点を、念のため申し添えておく。

6章　植物は憶えている

オークやマツや森の中のその仲間たちは、何度も太陽が昇り沈むのを、何度も季節が移り変わるのを、何世代もが忘れ去られてしまうのを、さんざん見てきた。かれらに「木々の話」を語ってくれる舌があったらどんなによかったか。あるいは私たちにかれらを理解する耳があったらどんなによかったか。

——モード・ヴァン・ビューレン『特別なできごとのための引用』より

ヒトにとって記憶は、日々の精神活動においてかなりの割合を占めている。私たちは、いい匂いのするご馳走や子どものころ遊んだゲーム、前日に会社で起こった大笑いするようなエピソードを憶えている。かつて海岸で見た息をのむような美しい夕焼けや、深く傷ついたできごと、身の毛もよだつ恐怖の体験を思い出すことができる。私たちの記憶は感覚器からの入力で決まる。たとえば、なじみのある匂いやお気に入りの歌が引き金となって詳細な記憶がよみがえり、特定の時間や場所に連れ戻されるのだ。

植物も豊かで多様な感覚入力に頼って生きている。でも植物には、私たちにあるような記憶はない。干ばつを心配してびくびくしたり、夏の日差しを待ち焦がれたりするようなことはない。さやに入った種子の時代をなつかしく思うこともなければ、花粉を放出するのが早すぎたかもしれないと気を揉むこともない。ディズニー映画の『ポカホンタス』に出てくるグランドマザー・ウィロー（ヤナギの木の姿をした精霊）とは違い、老木がその木陰で眠った人々の過去を憶えていることはないのである。とはいえ、これまでの章で見てきたことからわかるように、植物は明らかに過去のできごとを保持し、その情報をあとから思い出してさらなる発展につなげている。たとえば、タバコの草は最後に見た光の色を知っている。ヤナギの木は近くに生えている木が毛虫に襲われたことを知っている。こうしたことはみな、過去のできごとに対する遅延反応で、記憶の要素の一つと言える。

「接触形態形成」という言葉の生みの親であるマーク・ジャッフェは、一九七六年に植物の記憶に関するはじめてとも言える報告を発表した[1]。ただし、ジャッフェは記憶という言葉はあまり使わず、感覚器からとり入れた情報の「一、二時間ほどの保持」という表現を多用した。彼は、エンドウマメの「巻きひげ」が巻きつくのに適したものに触れたとき、何がひげをカールさせるのかを知りたいと思った。エンドウマメの巻きひげは茎のような構造をしており、フェンスやポールに偶然出合うまではまっすぐに伸びる。しかし巻きつく対象物を見つけたとたんにくるりと巻きつくのだ。

ジャッフェは、エンドウマメから巻きひげを切りとって、その巻きひげに光と水分を十分に与え続けた。そして、その切りとった巻きひげの根元部分は、指でなでるだけでくるりと丸くなることを見出した。しかし、同じ実験を暗がりでやってみると、指ででても丸くならない。巻きひげは、あの不思議な回転をするのに光を必要とするようだった。ここで興味深い問題が起こった。暗いところでさわった巻きひげを一、二時間後に明るい場所に移すと、その巻きひげはジャッフェがさわらなくても勝手に丸まるのだ。巻きひげは暗がりで触れられたという情報を何らかの形で保存して、明るいところに出たとき呼び出しているのではないか、とジャッフェは気づいた。情報をいったん保存して、あとで呼び出すというのは「記憶」と考えていいのだろうか?

ヒトの記憶についての研究で、心理学者エンデル・タルヴィングほど有名な者はいないだろう。タルヴィングが提唱したヒトの記憶理論は、植物とその独特な「想起」を探るうえで第一歩となる考え方を提供してくれた。タルヴィングによれば、ヒトの記憶は三層から成るという(2)。最下層にある「手続き記憶」は、行為を遂行するために何をどういう順番でするかを非言語で記憶することだ。これは外部刺激を感知する能力で決まる(プールに飛び込むなり泳ぎ方を思い出すようなものだ)。二番目の層は「意味記憶」で、概念の記憶にあたる(学校で習う科目のほとんどはこれだ)。三番目の層は「エピソード記憶」で、言ってみれば自伝に書くようなできごとを憶えていることを指す。子どものころハロウィン・パーティーで突拍子もない服を着た思い出や、大好きなペットが死んだときに感じた喪失感などがこれにあたる。エピソード記憶は個人の「自己認識」で決まる。植物に意味記憶とエピソード記憶がないのは明らかだ。この二つはヒトを定義する記憶でもある。いっぽう、植物は外部刺激を感知し対応することができる。すると、タルヴィングの考え方でいけば植物には手続き記憶の能力がなくてはならないことになる。[3] 実際、ジャッフェが実験したエンドウマメの巻きひげにはそれにあたるものが示された。ジャッフェの指の接触を感知し、記憶し、巻きつくという反応を起こすのは、手続き記憶と考えていい。

神経生物学者なら記憶の生理学についてかなりのことを知っており、記憶の種類に応じて脳のどの領域がはたらいているかピンポイントで示せる（もっと正確に言えば、領域ごとに明確に分かれているというより相互に作用しているのだが）。記憶の形成と保存にはニューロン間の信号が不可欠であることまではわかっている。だが、分子レベルや細胞レベルでどんなことが起こっているのかとなると、ほとんどわかっていない。何より不思議なのは——これは最新の研究から得られた知見なのだが——記憶は無限であるにもかかわらず、それを維持するための蛋白質はごく少数しか存在しないことだ。[4]

ここでちょっと注意をしておこう。私たちがヒトの「記憶」と言うとき、この言葉はタルヴィングの定義よりも広範囲なものを含んでいる。たとえば「感覚記憶」は、感覚器からの瞬間的な入力を受けとり、ふるいにかける。「短期記憶」は数秒間、およそ七つの対象を意識上に保持する。「長期記憶」は最長で個人が死ぬまで、記憶を貯蔵する能力のことだ。ほかには「筋肉運動の記憶」というのがある。これは靴ひもを結ぶための指の動かし方を無意識のうちに習得してしまうような手続き記憶の一種だ。そうそう、

「免疫記憶」もある。将来、同じ感染症にかからずにすむように、免疫系が過去の感染を忘れずにいることだ。免疫記憶以外の記憶は脳がとりしきっているが、免疫記憶は白血球と抗体が主役になっている。

すべての記憶に共通するのは、記憶の形成（情報の符号化）、記憶の保持（情報の格納）、記憶の想起（情報の回収）という三つの工程の実行だ。コンピュータのメモリーもまったく同じ三つの工程を実行している。植物にごく単純な記憶が存在するかどうかを探ろうとするなら、この三つの工程が起こっているかどうかを見てみなければならない。

ハエトリグサの短期記憶

3章で詳述したように、ハエトリグサは葉の上に「理想的なご馳走」が這っている瞬間を狙う。葉を閉じるには大量のエネルギーを消費するので、一度閉じてしまったら、つぎに開けて餌を狙えるようになるのは数時間後だ。だからこそ、食べるに値する十分な大きさのある獲物がやってきたときだけ葉を閉じるバネを効かせたい。葉の表面に生えている大きな黒い毛は、獲物を感知する触覚器であり、適切な獲物が罠の中に入ったときにバネの引き金をひくはたらきをしている。獲物の昆虫が一本の毛に触れただけではバネは作動しない。十分な大きさの昆虫なら二〇秒以内に二本目の毛に触れるはずだから、それを待ってバネを作動させる。

このしくみを、短期記憶に似たものととらえることは可能だ。まずハエトリグサは、何かが一本の毛に触れたという情報を符号化する（記憶の形成）。つぎに、この情報を数十秒間格納する（記憶の保持）。そして二本目の毛に触れたという情報が入った瞬間、この情報を回収する（記憶の想起）。小さなアリが葉の上を歩くときは、一本目の毛から二本目の毛に到達するまで時間がかかるため、二本目の情報が入ってきた時点で一本目の情報は一時的な格納期限を過ぎている。忘れ去られた記憶は回収のしようがないからバネは作動せず、アリはのんびり散歩を続けることができる。さて、ハエトリグサは最初の毛に何かが触れたという情報を、どう符号化してどう格納しているのだろうか。また、二番目の接触で反応するために、最初の接触をどのように憶えているのだろう？

ジョン・バードン＝サンダーソンがハエトリグサの生理学について初期の研究報告を発表した一八八二年以降、科学者たちはこの疑問に取り組んできた。[5] 一世紀のちにドイツ、ボン大学のディーター・ホディックとアンドレアス・ジーヴァースは、接触した毛が何本かという情報を電荷として貯蔵しているのではないかと考えた。[6] 二人が提唱したモデルは簡潔にしてエレガントだった。二人が研究過程で発見したのは、カルシウム・イオン濃度の急上昇だ。何かがハエトリグサの毛に触れると活動電位が生じ、それがバネじかけの「罠」にあるカルシウムの通路（チャネル）を開かせ、カルシウムが流入する。なお、活動電位がカルシウム通路を開かせる合図になることは、ヒトのニューロン間で情報伝達するときのしくみに似ている。

二人は、ハエトリグサの罠を閉じるには比較的高濃度のカルシウムが必要で、一本の毛が触れて生じる活動電位だけではそのレベルに達しないのだと考えた。二番目の毛の刺激が加わってはじめて、カルシウムは罠を作動させるのに必要な濃度にまで高まる。情報の符号化は、一回目のカルシウム濃度の上昇時にはじまる。その濃度を保っているうちは、情報の格納ができている。その間に二回目の濃度上昇があれば、トータルで罠を作動させるのに必要な濃度に達することができる。一回目の毛の接触のあと時間がたってカルシウムの濃度が低減すると、つまり一回目の記憶が無効になると、二回目の毛の接触があっても罠を作動させるのに十分な濃度に達しない。これが二人の組み立てたモデルだった。

その後の研究はこのモデルを裏づけた。アラバマ州、オークウッド大学のアレクサンダー・ヴォルコフ率いる研究チームは、ハエトリグサの罠を作動させているものがまぎれもなく電気であることを示してみせた[7]。ハエトリグサに極細の電極をとりつけて、開いている葉に電流をながすと、感覚毛に直接触れることなく罠を閉じさせることができたのである。このときのカルシウム濃度は測定していなかったため不明だが、おそらく電流が濃度上昇を招いていたはずだ。ヴォルコフは電流量を変えながらこの実験を続け、罠を作動させるのに必要な電荷を正確に割り出した。二つの電極間で一四マイクロクーロン——風船を二つこすり合わせて生まれる静電気よりほんの少し多い程度——の電流がながれると、罠が閉じる。この電気量は、一度に大きな波としてやってきてもいいし、二〇秒以内に小さな波の連続としてやってきてもいい。ただし、二〇秒以内にトータルの電気量が一四マイクロクーロンに達しなければ、罠は作動せず葉は開いたままである。

ハエトリグサの罠のしくみを短期記憶で説明するとこうなる。一度目の接触が活動電位を生じさせ、それは細胞から細胞へと伝わる。その電荷はイオン濃度の上昇という形で一時的に保存されるが、およそ二〇秒後には拡散してしまう。しかしこの間に二度目の活動電位が発生すると、累積電荷およびイオン濃度が罠を作動させるのに十分なレベルに達する。一度目の活動電位の発生から二度目までに時間がかかると、植物は一度目の記憶を「忘れて」いるため、罠は作動しない。

ハエトリグサが出す電気信号、さらに言えば植物全般が出す電気信号は、動物やヒトのニューロンで生じる電気信号に似ている。ヒトでもハエトリグサの葉でも、細胞膜にあるイオンの通路が開いてはじめて電気信号は細胞を通過できる。だとすれば、通路（チャネル）阻害剤（ブロッカー）を投薬すれば、電気信号は遮断されるのではないか？　そう推測したヴォルコフは、ヒトのニューロンにおいてカリウム通路を阻害するとわかっている化学物質で事前処理したハエトリグサを使って、罠の作動実験をしてみた[8]。案の定、このハエトリグサは、葉に触れようが電荷を与えようが葉を閉じなかった。

長期記憶、またはトラウマ

あまり世には知られていないものの、二〇世紀の中ごろチェコ人植物学者のルドルフ・ドスタルは、彼の言うところの「形態形成記憶」を植物で研究し、いくつか業績を

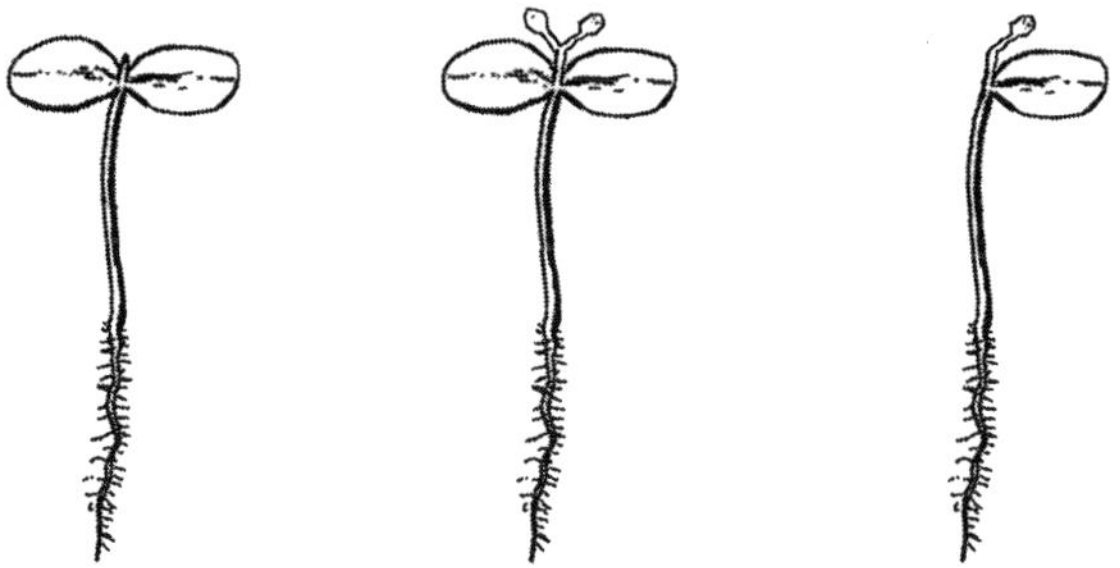

左の図は、播種後2週間のアマの苗。2枚の子葉と1つの頂芽が見える。中央の図は、頂芽を切りとってから1週間たった苗。2つの側芽が育っている。右の図は、左側の子葉をとりのぞいてから頂芽を切りとった苗。

残した[9]。形態形成記憶とは、植物の姿かたちに将来的に影響する記憶だ。植物はある時点で葉が裂けたり枝が折れたりといった外部からの刺激を経験すると、そのときは影響を受けなくても、環境条件が変わったときに過去の経験を思い出して生長のしかたを変える、というのである。

ドスタルはアマの苗を用いた実験で、彼が形態形成記憶と呼ぶものを明らかにした。この実験をきちんと評価するためには、植物解剖学について少しばかり知っておく必要がある。アマの芽は地上に姿をあらわすとき、子葉という二枚の大きな葉を出す。二枚の子葉の中心には頂芽(ちょうが)があり、それは中心線上にある茎から上向きに生長する。頂芽が生長するとその下から、二つの側芽(そくが)がそれぞれ子葉と同じ側に出てくる。側芽はふつう休眠状態にあり、生長しない。しかし、頂芽が損傷を受けたり切りとられたりすると、側芽は二つとも生長しはじめ、生長した新しい枝に、それぞれ新しい二つの側芽をつける。つ

アマ（*Linum usitatissimum*）

まり頂芽が二つになるのである。頂芽が側芽の生長を抑えることを「頂芽優性」といい、この抑圧を解放することが、果樹や庭木の剪定（せんてい）の理由になっている。家のまわりの生垣を刈り込む植木屋は、それぞれの枝から頂芽をとりのぞいて（正しく刈り込んでいればの話だが）、側芽の生長を促して多くの枝を生い茂らせようとしているのである。

　ふつうの状態なら、頂芽が刈り込まれると側芽は二つとも均等に育つ。だが、頂芽を切りとる前に子葉の片方をとりのぞいておくと、残っている子葉に近いほうの側芽しか生長しないことにドスタルは気づいた[10]。刺激に引き続いて反応が起こる典型例のように見えるかもしれないが、それほど単純な話ではない。実験をくり返す過程で赤い光を照らしてみると、とりのぞいた子葉に近いほうの側芽も育った。つまり、どちらの側芽も育つための潜在力は保持していたのだ。

　ドスタルのこの研究はおよそ半世紀後に、フランスはノルマンディー地方のルーアン大学で、ミシェル・テリエに拾い上げられた。フランス科学アカデミーの一員であるテリエは、彼が研究対象としていたコセンダングサの頂芽を切りとると、両方の側芽がほぼ均等に育ちはじめることに気づいた。[11] しかしこのとき、子葉の片方をちょっと傷つけておくと健康な子葉の側の側芽しか育たない。この反応を起こすのに、子葉をむしりとる必要などない。針で四回つつくだけで、十分に側芽の非対称生長を引き出せた。

これも、やはり典型的な「刺激・反応現象」に見える。だが、こうした例と植物の記憶はどう関係するのだろう？　じつは、テリエは葉を傷つけてから頂芽を切りとるまでの時間を延ばしてみる実験もしていた。最長で二週間あいだをあけたこともあった。驚いたことに、それでも同じ結果が出た。両方の側芽が育つのではなく、片方、つまり傷つけられた子葉から遠いほうの側芽だけが育つのだ。コセンダングサは針で刺されたという「トラウマ」的経験を何らかの方法で保存し、頂芽が切りとられたとき——それが何日もあとのことでも——過去のトラウマを想起するしくみをもっているに違いない、とテリエは考えた。

その後の実験は、コセンダングサの芽はどの葉が損傷したかを憶えている、と

コセンダングサ（*Bidens pilosa*）

いう彼の推測を確定させた。このときテリエは、前回と同じように片方の子葉に針を刺したが、数分後に両方の子葉をむしりとった。だが、コセンダングサは刺された記憶をとどめていた。頂芽を切りとると、刺された子葉と反対側の側芽が同じ側の側芽より勢いよく育ったのだ。この情報が頂芽にどのように保存されているかはまだ不明だが、その信号は5章で出てきたオーキシンというホルモンに何らかの形で結合したのではないか、というのがいまのところ有望な説である。

エピジェネティクス

トロフィム・デニソヴィチ・ルイセンコは、ソヴィエト連邦の科学を迷走させたとして、どちらかといえば悪名高き人物とされることが多い[12]。彼は、すべての特性は遺伝で受け継いだものであるという原理に基づくメンデル遺伝学を否定し、環境がそれに応じた特性をもたらし（暗い地中で暮らすモグラが視力を失うなど）、その特性はのちの世代に引き継がれるという考え方を主張した。この考え方は元来、一九世紀初期にフランス人博物学者ジャン＝バティスト・ラマルクが唱えたものだったが、当時の「プロレタリア階級は環境によって変わりうる」というイデオロギーにぴったり適合した。ソ連の体制側はルイセンコの説を熱狂的に迎え入れ、一九四八年から一九六四年まで、ルイセンコの説に反対の意を唱えることを一切禁じた。しかし、そういう政治がらみのことを別にすれば、ルイセンコは一九二八年にこんにちの植物生物学につながる画期的な発見をした功労者だ。

ソ連の農民は、俗にいう「冬コムギ」を育てていた。秋に播種（はしゅ）して気温が零下になる前に発芽させ、冬のあいだは休眠させて春になって土があたたまってから花を咲かせるという栽培方法である。冬コムギは冬の寒さを一定期間経験しないと開花せず、その後に穀物を実らせることができない。一九二〇年代後半、ソ連農業は大打撃をこうむった。異常な暖冬が続いて冬コムギの苗がほとんどだめになってしまったからだ。当然ながら、何百万の国民に食わせる穀物も収穫されなかった。

ルイセンコは農業と人々を救うため日夜研究に明け暮れ、ついに暖冬のあと凶作にならずにすむ方法を見出した。冬コムギの種子を冷凍してから播種すれば、実際に長い冬を経験させなくても発芽と開花を促せることがわかったのだ。彼は農民にこの方法でコムギを春にまくよう指導し、国の食糧問題を解決した。ルイセンコはこの

コムギ（*Triticum aestivum*）

方法を「春化」と名づけた。この言葉は現在では、種子に人為的に低温処理をほどこすこと、あるいは自然にそうなることを指す一般用語となっている。

花を咲かせるために寒い気候を必要とする植物があることに気づいていた科学者はルイセンコだけではない。たとえば一八五七年には、オハイオ州農業委員会が同様の報告をしている。[13]だが、それを人為的に操作できることをはじめて示したのがルイセンコだった。多くの植物が、収穫のために冬の低温を頼っている。たとえば果樹の多くは越冬してからでないと花を咲かせて実をつけない。レタスやシロイヌナズナの種子は急な寒さが来たあとでないと発芽しない。春化が生態学的に有利なのははっきりしている。寒い冬をやり過ごせば、春か夏に発芽または開花して、光と温度に恵まれた季節に育つことができる。

たとえばワシントンDCにあるサクラの木は、四月一日前後に開花する。日照時間が一二時間のころだ。ワシントンDCでは九月中旬にも日照時間が一二時間になるが、サクラの木は九月には花を咲かせない。秋に花を咲かせたら、冬につける実は寒さで十分育たない。サクラの花は春に咲くことで、その実を五か月かけて成熟させられる。日照時間は四月も九月も同じだが、木はその違いを判別できる。いまが四月だとわかるのは、その直前に冬を経験するからだ。

コムギの苗やサクラの木がなぜ冬を憶えているのかについて、説明らしい説明ができるようになったのは、ここ一〇年ほどのことである。その研究材料となったのは、やはりシロイヌナズナだった。野生のシロイヌナズナはノルウェー北部からカナリア諸島まで、広範囲に生育している。同一種でありながら異なる環境条件に適応している集団は、生態型（せいたいがた）と呼ばれる。北の寒い地域で育つシロイヌナズナの生態型は花を咲かせるのに春化が必要だが、南の暖かい地域の生態型は春化なしでもだいじょうぶだ。春化を必要とすることは、北方生態型の遺伝子に符号化されている。北方生態型と南方生態型をかけ合わせると、その子孫は寒さを経験しないと花を咲かせない。つまり、春化を必要とする特性は優性遺伝する。この特性を仕切っているのは、開花遺伝子座C（flowering locus C）の頭文字をとったFLCという遺伝子だ。FLCを受け継いだシロイヌナズナは、春化を経るまで花を咲かせない。なぜならこの遺伝子が、開花を抑え込んでいるからだ。

そのシロイヌナズナは一定期間の寒さを経験すると、FLC遺伝子が転写されなくなる。つまりFLC遺伝子がオフになる。だからといってすぐに花が咲くわけではない。花が咲くのは光や温度など、ほかの条件がそろってからだ。そのためには、寒い気候を一度経験したということを、ほかの条件がそろうまで忘れないようにしておく何らかの方法が必要になる。

春化はFLCをどのようにしてオフにするのか、またいったんオフになったあとどのようにしてオフ状態を保持しているのか、この謎に多くの研究者が挑んできた。こうした研究に光が見えてきたのは、植物の記憶に「エピジェネティクス」が関係しているとわかってからだ[14]。エピジェネティクスとは、遺伝子のDNA配列は変えずに遺伝子の活性状態だけを変え、しかもその変更を親から子に伝えるはたらきのことをいう。なお、DNA配列が変わってしまうのは「変異」だ。多くの場合、DNAの配列が変わっても（変異しても）エピジェネティクスの効果は変わらず作用し続ける。[*25]

DNAは細胞内で染色体の中に組み込まれているが、ただのヌクレオチドの鎖だと思ったら大間違いだ。DNAの二重らせんはヒストンという蛋白質を包み込んで、クロマチンというものを形成している。このクロマチンはさらにねじれて、DNAと蛋白質を小さくきつく縛った状態の構造にしている。この状態は、結び目がほどけなくなっているゴムバンドを想像してもらえればわかると思う。クロマチンの構造は動的だ。クロマチンの部分部分は、あるときはほどけ、あるときはまた縛り直される。活性化した遺伝子（転写される遺伝子）はほどけたクロマチンの部分にあるが、オフになっている遺伝子は縛られた部分で眠っている。[*26]

ヒストン蛋白質は、クロマチンをどれだけきつく縛るかを決めている因子の一つで、FLC遺伝子がどう活性化するかを理解するのに欠かせない。種子を冷やすという春化処理は、FLC遺伝子の周囲にあるヒストンの構造を変え（メチル化という）、クロマチンをきつく縛る。するとFLCはオフになり、開花オーケーとなる。このエピジェネティックな変更（遺伝子の周囲にあるヒストンの形状の変更）は親細胞から娘細胞へと代々引き継がれるため、FLC遺伝子は寒い季節が過ぎ去ったあとは全細胞でオフのままになる。FLC遺伝子がオフになっていれば、あとは花を咲かせるのに理想的な環境の条件がそろうのを待つだけでいい。毎年一回花が咲くオークの木やツツジなどの多年生植物では、ＦＬＣ遺伝子は再活性化する必要がある。一度花を咲かせてからつぎの冬を越すまでは、季節外れの花を咲かせないよう抑えておかなければならないからだ。そのためには細胞がヒストンの構造を元に戻し、きつく縛られていたクロマチンをほどいてＦＬＣ遺伝子をオンにしてやらなければならない。これがどのようにして起こるのか、またどのように調整しているのかについては、目下、研究が進行中である[15]。

細胞の記憶をつかさどるエピジェネティクスのしくみは植物にかぎったものではなく、生物のさまざまな生理作用や病気を引き起こす原因になっている。エピジェネティクスは生物学にパラダイムシフトをもたらした。細胞から細胞へと受け渡される変化はＤＮＡ配列の変化だけだとしていた古典的な遺伝学の概念に反するからだ。エピジェネティックな記憶について何よりも驚きなのは、季節から季節への記憶が一個体の生き物のみで保持されるだけでなく、世代から世代へと引き継がれることだ。

世代を超えて伝わる記憶

記憶とは、儀式や物語などを通じて世代から世代へと手渡されていくものだ。しかし、エピジェネティクスが関与する「世代間継承」記憶はまったく別物だ。この種の記憶としては、世代から世代へと引き継がれる環境ストレスまたは物理的ストレスの情報伝達がある。スイス、バーゼルのバーバラ・ホーンの研究室は、こうした世代間継承記憶の初の証拠を提示した。[16] 紫外線や病原体による攻撃などが植物にストレスを与えると、その個体のゲノムに変更が生じてDNAの新しい組み合わせが出現することは、ホーンとその同僚にとってめずらしくもなんともない現象だった。

　ストレスが引き金になってゲノムに変更が生じることは、生態学的に筋が通っている。どんな生き物もそうだが、植物もストレスを生き延びる方法を探さなければならない。その方法の一つに、新しい遺伝子バリエーションをつくり出すことがある。しかし、ホーンの研究結果の何が驚きだったかというと、ストレスを受けた植物がDNAの新しい組み合わせをつくり出しただけでなく、その子孫が、直接そのストレスを受けていないにもかかわらず同じDNAの組み合わせをつくっていたことだ。親の受けたストレスが引き起こした変更は、世代間継承が可能なものとなり、それは子の世代すべてに引き継がれ、子は親と同じストレスをあたかも受けたようにふるまう。子は親のトラウマを憶えていて、親と同じように反応するのである。

　ここで「憶えている」という言葉を使うのはおかしいと思われるかもしれないが、このケースを本章の最初のほうで紹介した記憶の三段階に照らし合わせてみよう。親はストレスの記憶を形成し、保持し、子に手渡す。子はその情報を想起し、対応する。この場合はゲノムの変更を増やすという対応をする。

　この研究が意味するところは甚大だ。環境ストレスは遺伝可能な変更を生じさせ、それは代々引き継がれる。これはジャン＝バティスト・ラマルクが唱えた「進化は獲得形質の継承に根ざしている」という説に合致する。ホーンが調べた植物は、紫外線や病原体のストレスを受けたあと遺伝子バリエーションを増やして新しい形質を獲得し、さらにその形質を子孫すべてに伝えている（一本のシロイヌナズナは数千個の種子を産むことを思い出して！）。これは、ストレスを受けた植物のDNA配列に起こる「変異」では説明できない。なぜなら親の代で生じた変異は子には受け継がれず、子に同じ変異が出現するとしたら偶然中の偶然で、確率的にまずありえないからだ。しかし、ストレスによって誘発されるエピジェネティックな変更は、すべての細胞にいっせいに起こる。花粉の細胞にも、卵細胞にも。だとすれば、この変更はつぎの世代はもちろんのこと、その後の未来の世代にも受け継がれる。科学者たちは、親から子に引き継がれる「記憶」はエピジェネティックな変更と関係しているものと推測しているが、それ以上のことはまだわかっていない。

イーゴリ・コワルチュクは、（ホーンの実験とは別の）熱や塩分といったストレスを植物に与えて、ホーンの研究の追試をした[17]。すると、熱や塩分のような環境ストレスも、親世代のみならず第二世代でもゲノム変更の頻度を増やしていた。コワルチュクの実験結果はさらに興味深い点をあぶり出した。第二世代に遺伝子バリエーションの増加が見られたというホーンの理論を追認しただけでなく、各種ストレスへの耐性が高まっていたことまで見つけたからだ。これはつまり、ストレスを受けた親は、通常より苛酷な条件下でも育つような子孫を残したことを意味する。さまざまなストレスはほぼ確実に、親のクロマチン構造にエピジェネティックな変更を引き起こす。そしてそれは子孫に引き継がれる。この結論をさらに支えるような実験が、コワルチュクの研究チームから得られた。子世代にエピジェネティックな情報をぬぐい去るような化学物質の処理をほどこすと、その子世代植物は環境ストレスを生き延びる能力を失うことがわかったのだ。いまのところホーンが打ち立てた理論は普遍的に受け入れられているわけではない――科学におけるパラダイムシフト中の研究の多くがそうであるように。[18] しかし、ホーンをはじめとする科学者たちのこうした研究が遺伝学の新たな時代の到来を告げたことは間違いなく、その点では世界的に認められつつある。[19] 遺伝可能な記憶をストレスがつくり出すという推論を裏づける研究結果は目下、植物のみならず動物でもあちこちから報告が上がってきている。どの事例においても、この「記憶」はエピジェネティックな継承性という形で蓄えられている。[20]

知能をともなう記憶?

植物は明らかに生物学的情報を保存し、想起する能力をそなえている。もちろんこれが、ヒトが日々経験している感情のからむ複雑な記憶とは違うことくらい、私たちは理解している。しかし、この章で紹介したさまざまな植物のふるまいは、基本的には「自身の向上をめざすため」の記憶だ。巻きひげがカールするのも、ハエトリグサが葉を閉じるのも、シロイヌナズナが環境ストレスを忘れずにいるのも、みな生長に必要な特定の対応を引き出すことを目的として、あるできごとの記憶を形成し、その記憶を一定期間保持し、あとから必要になったときに想起しているのである。

植物の記憶にかかわっているしくみの多くはヒトの記憶にもかかわっている——エピジェネティクスも活動電位もそうだ。活動電位は、ヒトの記憶の本拠地である脳の神経接続に必須の要素だ。植物学者は過去数年間で、植物の細胞が電流で情報伝達をしていることを突き止めただけでなく（この点については本書で数例を紹介した）、ヒトその他の動物に神経受容体として存在している蛋白質が植物にも存在していることを見出した。その好例がグルタミン酸受容体だ。脳にあるグルタミン酸受容体は、神経伝達、記憶形成、学習に欠かせない物質で、神経刺激性の薬剤の多くはグルタミン酸受容体を標的にしている。したがって、ニューヨーク大学の科学者たちが植物にもグルタミン酸受容体があること、グルタミン酸受容体の活量を変える神経刺激性薬剤にシロイヌナズナが敏感に反応することを発見したというニュースには衝撃が走った[21]。現時点で、グルタミン酸受容体が植物でどんなはたらきをしているのか完全にはわかっていないが、ポルトガルのジョセ・フィエジョ率いる研究チームがごく最近におこなった研究によれば、植物におけるこれらの受容体は、ヒトのニューロンが互いに情報伝達しているのとよく似た方法で細胞間で信号伝達の作用をしていたという[22]。植物に「脳の受容体」が作用する場があったとは！　おそらく、ヒトの脳の作用も植物の生理作用も、私たちが思っているよりもっとずっと深くて広いのかもしれない。

植物の記憶はヒトの免疫記憶と同様、タルヴィングの定義による意味記憶やエピソード記憶ではない。むしろ、手続き記憶にあたる。この種の記憶は外部刺激を感知する能力で決まる。タルヴィングはさらに、三層の記憶はそれぞれ関連する「意識のレベル」が違うと提唱した。[23] 手続き記憶は自分が何をやっているのかわからない無意識の記憶だ。意味記憶は自分が何をやっているか、どんな状況なのかがわかる意識的な記憶だ。エピソード記憶は、自分が経験したものを頭の中で組み立て直すというような自我意識のからむ記憶だ。植物には、意味記憶やエピソード記憶を可能にするような意識のレベルは存在しない。しかし、「手続き記憶に特徴的な最低レベルの意識（無意識）が外部刺激および内部刺激を感知しそれに対応できるという能力を指すのであれば、すべての植物および単純な動物には最低レベルの意識があるということになる」[24] と主張する文献もある。だとすれば、いやおうなしにつぎの疑問に向き合わなければならなくなる。植物がさまざまなタイプの記憶を示し、ある種の意識をもっているとするなら、植物には知能があるということになるのだろうか？

＊25　エピジェネティクスは、DNA配列とは無関係でなおかつ世代間継承が可能な「変更」全般を指す。ヒストンにおける化学変化やDNAの化学変化（メチル化など）はもちろんのこと、各種の小さなRNAによる変更や、プリオンとして

知られる感染性の蛋白質による変更もエピジェネティクスに含まれる。

＊26　ヒトなら血球細胞と肝臓細胞の違い、植物なら花粉と葉の細胞の違いなど、細胞の「種類」を分けているのはクロマチンの構造だ。クロマチンの構造が違えば、どの遺伝子がオンまたはオフになるかも変わってくる。

エピローグ　植物は知っている

「知能」とは、含みのある言葉だ。「知能が高い」とはどういうことかについては、IQテストの発明者であるアルフレッド・ビネーから、著名な心理学者のハワード・ガードナーまで、各人さまざまな理論が展開されている。[1] 知能はヒトにしかない性質だと考える研究者がいるかと思えば、動物――オランウータンからタコまで――にも「知能」と呼べる性質が認められるとする研究報告もある。[2] 知能の定義を植物にまで広げることには、さらなる賛否両論が渦巻く。とはいえ、植物に知能はあるのかという疑問はけっして最近になって生まれたものではない。医者で植物学者でもあったウィリアム・ローダー・リンジーは一八七六年に、「私には、ヒトに生じるある種の知的能力は植物にも存在しているように見える」と書いている。[3]

エディンバラ大学を拠点とする植物生理学者で、植物の知能について提言した第一世代の一人であるアンソニー・トレウェイヴァスはこう言い切った。ヒトはほかの動物より明らかに知能が高いが、生物学的な特性としての知能がホモサピエンスのみに出現したとは考えられない、と。[4] 彼はこの言葉の中で、知能は体形や呼吸作用と同じ生物学的特性の一つだという見方を示した。知能も体形も呼吸作用も、祖先の生き物にあった特性が自然淘汰を経て進化したものにすぎないというのだ。本書では、4章で「難聴」遺伝子は植物にもヒトにもあること、それは植物と動物の共通祖先に存在したということを語った。原始的な知能も共通祖先に存在していた可能性はある、というのがトレウェイヴァスの考えだ。

植物の機能をさまざまな角度から研究していた科学者団体が二〇〇五年に、植物に存在する情報ネットワークを研究することをめざす「植物神経生物学」という新しい分野を立ち上げたときには、学界内が騒然となった。[5] この団体の科学者たちは、動物にある生理機能および神経ネットワークと植物解剖学に多くの類似点があることに注目していた。彼らが挙げた類似点のうち、ハエトリグサやオジギソウに見られる電気信号などは異論の余地がなかったが、植物の根の構造が動物の神経網に似ているといった点については植物生物学者間で意見が割れた。[6]

根と神経網が似ているという指摘は、一九世紀にチャールズ・ダーウィンがすでにとりあげていたが、ここ数年でふたたび注目されるようになった。とくにこのテーマを積極的に推し進めているのは、イタリアはフィレンツェ大学のステファノ・マンクーゾと、ドイツはボン大学のフランツェク・バルースカで、この二人は植物神経生物学の分野におけるパイオニアだ。ほかの生物学者の多くは――一流科学者多数も含めて――植物神経生物学の背後にある考え方を批判している(7)。理論的に欠陥があるうえ、植物生理学や植物細胞学についてのこれまでの知見にそぐわない、植物神経生物学者による植物と動物の類似点探しはいかにもやりすぎだ、として。

植物神経生物学という言葉を提案した者の多くは、この言葉が刺激的で挑発的であることを認めており、むしろそのくらいのほうがいいのだと説明した。これを機に、植物と動物の情報処理の類似点についてもっと議論をすべきなのだ、と。トレウェイヴァスらに言わせれば、ヒトの生物学を連想させる言葉を用いることで、人々はふつうなら考えないことを考えるようになる。「植物神経生物学」という言葉を打ち出して、人々に生物学全般の知識と植物生物学特有の知識を見比べる機会を与えることができたなら、それだけでも十分に意味がある、というわけだ。ただし、ここで忘れてならないことがある。それは、植物と動物の遺伝子レベルでどれほど似ているように見えても（それはそれで重要なことだが）、植物と動物は多細胞生物として別の進化の道筋をたどってきたということだ。植物と動物はそれぞれ、植物にしかない、あるいは動物にしかない細胞や組織や器官で成り立っている。たとえば、脊椎動物は体重を支えるのに骨格を発達させたが、植物は樹幹を発達させた。どちらも似たはたらきをしているが、生物学的に見れば別物だ。[*27]

植物には植物なりの知能がある、と言うのは簡単だが、そう言ったからといって知能

について も植物学についても理解を深めることにはならない。問うべきは、植物に知能があるかどうかではない——いずれにせよ、知能という言葉の意味するところを一朝一夕に全員が共有できるとは思えない。問うべきは、「植物は知っているのか?」であり、その答えならイエスだ。植物は光や色の微妙な違いを知っており、赤色と青色、遠赤色、紫外線を見分け、それぞれに反応する。植物は周囲に漂う香りを知っており、空中にある微量の揮発性物質に反応する。植物は何かに接触したときそれを知り、感触の違いを区別できる。重力の方向も知っていて、芽を上に、根を下に伸ばすよう姿勢を変えることができる。過去のことも知っている。以前に感染した病気や耐え忍んだ気候を憶えていて、それをもとに現在の生理作用を修正する。

もし植物が「知っている」のなら、私たちは植物とどうかかわり合えばいいのだろう? まず、植物は私たち人間の一人ひとりを知っているわけではない、という点を忘れてはならない。植物にとって私たちは、生存と生殖のチャンスを高めたり減じたりする数ある外部圧力の一つにすぎない。フロイト心理学の言葉を借りれば、植物の精神には自我と超自我が欠けている。ひょっとすると無意識の心理にあたる部分——感覚入力を得て本能的に対応する部分——はあるかもしれないが。植物は周囲の環境を知っているが、人間はその環境の一部でしかない。園芸家や植物生物学者が植物と特別な関係を築いたと信じようが信じまいが、植物の側はそんなことには無関心だ。もちろん、特別な関係を築くことは植物を世話する側には意味があるだろうが、それは童話に出てくるような友情関係とは違う、一方通行の関係だ。世界的に有名な科学者であろうと大学生であろうと、自分の研究対象としている植物を擬人化して語るのはよくあることだ。彼らは葉にカビが生えているのを見つけると「つらそうだ」と言ってその葉をとりのぞき、水をやったあとは「気持ちよさそうだ」と言う。

こうした表現は私たちが勝手に想像したものでしかない。植物もヒトも感覚入力は受けとるが、その入力を喜怒哀楽の感情に翻訳するのはヒトだけだ。私たちは植物を見るとき、そこに私たちの感情を上乗せして眺める。だから、満開になった花はしおれている花より「幸せだ」と思い込む。「幸せ」というのが生理学的に最適な状態を指しているなら、この表現はたぶん正しい。でも私たちにとって、「幸せ」という感情はかならずしも身体の健康状態が完全であることとは一致しない。病(やまい)に侵されながらも自身を幸せだと思う人もいれば、体は健康そのものなのにいつも不満を抱えている人もいる。幸せかどうかは、気のもちようだ。

また、植物は知っているからといって苦しんでいることにはならない。植物は見て、匂いを嗅いで、接触を感じることはできても、痛みが引き起こす苦しみを感じることはない。欠陥のあるハードドライブを搭載したコンピュータが痛みの苦しみを感じないのと同じだ。「苦しみ」は、「幸せ」と同じく主観的なもので、植物について論じるときには見当違いな表現だ。国際疼痛学会は痛みの定義を「実際に発生した組織損傷または潜在的な組織損傷にともなう、あるいはそうした損傷という形で表現される、不快な感覚および感情を体験すること」としている。[8] 植物にとっての「痛み」は細胞が傷ついたり死んだりすることにつながる物質的な危難を感知することなので、「実際の、または潜在的な組織損傷」と定義してもいいだろう。虫に葉を食われたとき、森林火災で焼けたとき、植物はそれを知っているからだ。しかし、植物が「苦しむ」ことはない。現在の科学が理解している範囲において、植物に「不快な感覚および感情を体験する」能力はない。じつのところヒトであっても、痛みと苦しみは脳の別の領域で解釈される別の現象だと考えられている。[9] 脳画像研究から、痛みの中枢は脳の奥深いところに位置し、脳幹から放射状に広がることが確認されている。いっぽう、苦しみを感じる場所は前頭前皮質だと科学者たちは考えている。痛みによる苦しみを感じるには高度に複雑な神経構造と前頭皮質への接続が必要なのだとすれば、それは高等な脊椎動物だけに存在すると考えていい。つまり、植物は苦しまない。植物には脳がないのだから。

植物には脳がないということは、この私にとってもつねに意識しておかなければならない重要なことがらだ。植物には脳がないことをいつも思い出して、植物を安易に擬人化して表現することを戒めなければならない。もちろん、植物のふるまいを文章で明快に伝えるために、擬人化した表現を使ったほうがいいこともある。だが同時に、そうした表現を使うことによって、あたかも植物に脳があるような錯覚を読み手に与えてしまう危険性もある。見る、匂いを嗅ぐ、接触を感じるという言葉を使うとき、同じ言葉であっても意味するところは植物とヒトで質的に違うということを、けっして忘れてはならない。

　この警戒を怠ると、植物のふるまいを擬人化する行為は野放図に広がって、ときには、おかしな事態とまではいかないまでも疑問符のつく事態を招くことがある。二〇〇八年には、スイス政府が植物の「尊厳」を守るための倫理委員会を設立するというようなことがあった。[10][*28] 脳をもたない植物が、自身の尊厳を心配するとは思えない。すべては人間の側の、植物の世界とかかわるときの心構えの問題だ。スイス政府としてはおそらく、植物に尊厳を与えることで、それを人間の側の心構えを正す鏡にしようという狙いがあったのだろう。私たちは個人として、自身を他人になぞらえて社会における自分の場所を探すということをよくやる。ヒトという種としては、ほかの動物の中に自然界での自分たちの場所を探そうとする。たとえば私たちは、赤ちゃんゴリラがお母さんゴリラにしがみついているのを見るとき、ゴリラの中に私たち自身を見ている。だから共感する。ジョン・グローガンの飼い犬マーリーも、その昔の名犬ラッシーもリンチンチンも深い共感を呼ぶ。イヌの中に人間性を見出すのに、とくに愛犬家である必要さえない。私の知り合いにも、飼っているオウムが自分を理解していると断言する愛鳥家がいるし、ヒトのふるまいを海中生活の視点で見ようとする魚好きもいる。こうした感情移入ができるのも、ヒトに知能があればこそだ。

　さて、ヒトも植物も光や香りの複雑な状態やさまざまな接触刺激を知ることができ、好き嫌いをもっていて、記憶することができるのなら、私たちは植物を見ながら自分自身をどう見つめればいいのだろうか？

まず、生き物の概念を、ゴリラやイヌだけでなくベゴニアやセコイアまで広げてみよう。満開のバラ園を眺めるとき、遠い昔の共通祖先に思いを馳せてみよう。いまでこそ、バラとヒトはどこからどう見ても違う生き物だが、一部に同じ遺伝子を保持し続けている。壁を這うツタを見たときには、太古の何かのできごとが、ツタと私たちの運命を分けたのだということを考えてみよう。二〇億年前に枝分かれした進化の道筋の、もう一つの可能性について想像してみよう。

たとえ遺伝的に共通する過去があったとしても、分岐してからの長大な年月をかけた進化を無視していいことにはならない。植物とヒトは共に、外的現実を感じ、知る能力をもっている。だが、それぞれの進化の道筋は、ヒトにしかない能力を与えてきた。植物にはない能力、それは知能を超えた「思いやる」という心だ。

だから、あなたはつぎに公園を散歩するとき、ちょっと立ち止まって考えをめぐらせてみよう。芝地に咲くタンポポは何を見ているのだろう？　道端の草は、何の匂いを嗅いでいるのだろう？　オークの葉に触れたときには、木はさわられたことを忘れないということを思い出してみよう。木はあなたという個人を憶えておくことはできないけれども、あなたのほうは、その特別な木のことを、これからもずっと憶えていられる。

＊27　当初の論争のあと話し合いを重ね、植物神経生物学者たちは二〇〇九年に組織の名称を、「植物神経生物協会」から「植物信号行動協会」に変えた。行動という語もまた、植物に対して使っていい言葉かどうか賛否両論ありそうだが。

＊28　この倫理委員会は植物に対する尊厳を、より明確にする意図で設立されたものだ。というのも、スイス連邦憲法には「動物、植物、その他の生物を扱うときには尊厳をもって扱わなければならない」と定めてあるからだ。http://www.ekah.admin.ch/en/topics/dignity-of-living-beings/index.html

謝辞

本書の出版にこぎつけられたのは、最初に紹介する三人の女性のひらめきと支えのおかげである。

一人目は私の妻、シーラだ。彼女は私に、学問研究を超えた何かをするよう励まし、背中を押してくれた。そして私にこの本を書かせ、「送る」という最後のひと押しまでしてくれた。彼女の愛と信念がなければ、この本が生まれることはなかった。

二人目は私のエージェント、ローリー・アブケマイアーだ。彼女の経験と粘り強さ、支援、そして無限の楽観主義は、世間知らずな著者をピュリッツァー賞受賞作家のような気持ちにさせてくれた。

三人目はサイエンティフィック・アメリカンおよびファラー・ストラウス・アンド・ジロー の担当編集者、アマンダ・ムーンである。彼女は、学者まるだしの私の文章を、読みやすい文章に磨き上げるという骨折り仕事をしてくれた。アマンダは章ごとに私の文章と格闘し、もうこれでいいだろうと思いきや、また最初に戻り、三度目、四度目、五度目の見直し作業をあらんかぎりの忍耐でこなしてくれた。

本書の内容を科学的に確かなものとするために、世界中の多くの科学者にご協力を願った。イアン・ボールドウィン教授（マックス・プランク化学生態学研究所）、ジャネット・ブラーム（ライス大学）、ジョン・キス（マイアミ大学）、ヴィクトル・ザルスキー（チェコ共和国科学アカデミー）、ファティーマ・ツヴルツコヴァ（プラハ、カレル大学）、エリック・ブレンナー（ニューヨーク大学）には、忙しいスケジュールの合間に本書の一部を読んでもらい、科学的記述の適正さを確認してもらった。本書のアイデアはエリックとのディスカッションがもとになっている。彼のひらめきと励まし、友情には感謝してもしきれない。ドクター・リラチ・ハダニー（テルアヴィヴ大学）、アンダース・ヨンソン（ノルウェー科学技術大学）、イーゴリ・コワルチュク教授（レスブリッジ大学）、ドクター・ヴァージニア・シェパード（ニューサウスウェールズ大学）からも、さまざまな情報を提供してもらった。

私のスケジュール管理をしてくれたカレン・メインにもお礼を言いたい。サイエンティフィック・アメリカンおよびファラー・ストラウス・アンド・ジローのチームは、仕事を共にする相手として最高だった。

テルアヴィヴ大学にすばらしい同僚がいたことは、私にとって幸いだった。彼ら彼女らからは、数々のアイデアとヒントをもらった。とりわけ、本書のアイデアの多くは「植物科学入門」コースのニール・オハド教授とショール・ヤロウスキ教授とともに掘り下げたものである。研究室仲間のオフラ、ルティー、ソフィー、エラフ、モーア、ジリには、本書執筆のため私が監督役を休んでいるあいだも、研究を続けてもらった。ドクター・タリー・ヤハロムは、私の不在中、研究室の運営を代行してくれた。こうした仲間がいるからこそ、私は研究活動が面白いと思えるのだと日々感謝している。マンナ植物バイオ科学センターの後援者にも負うところがある。目標達成のためには規模をあまり大きくせず、的を絞ることの大切さを教えてもらった。

本書掲載用の写真を撮ってくれたアラン・チャペルスキと、執筆のスタートを手助けしてくれたデボラ・ラスキンにもお礼を言いたい。そして、どんなときも支えになってくれた、私の家族にも。女きょうだいのライナ、イユード、ジターマ、ヤナイ、フィリス。母のマルシアは、私の原稿をまっ先に読んでくれた。私の子どもたち、イータン、ノーム、シャーニはいつも幸せをふりまいてくれ、私には思いつかなかったような文章表現を教えてくれた。最後に父、デヴィッドに感謝を述べたい。父は文章チェックとアドバイスを買って出てくれて、本書の出版をわがことのように気にかけてくれた。

訳者あとがき

本書は「植物は世界をどう感じているのか」という疑問について、古今東西の研究成果をもとに考察したものだ。古くはチャールズ・ダーウィンの自宅での実験から、最新のところでは分子遺伝学や発生遺伝学からの画期的な発見を紹介している。

二〇世紀から二一世紀に変わるころ、ヒトゲノムとシロイヌナズナのゲノム解析が完了した。その後、イネゲノムをはじめさまざまな生物種のゲノム解析が進み、まったく異なる存在に思えた植物とヒトに、同じ遺伝子が多々あることがわかってきた。また、二〇世紀の遺伝子の考え方は、生物の構成要素（蛋白質）をつくるためのプログラムというものだったが、二一世紀に入ってからは、遺伝子はある種の素材にすぎず、プログラムは別のところにあるのではないかという考え方に変わってきている。

本書の著者、ダニエル・チャモヴィッツ博士は遺伝学者だ。現在は、イスラエルのテルアヴィヴ大学で植物学の教授と、同大学のマンナ植物バイオ科学センターの所長を務めている。彼はアメリカのイェール大学、シン・ワン・デン教授の研究室でポスドクフェローをしているころ、シロイヌナズナにＣＯＰ９シグナロソーム遺伝子群を発見した。これは当初、植物の光に対する反応を制御する植物特有の遺伝子群だと思われていたが、その後、ヒトをはじめとする哺乳類やショウジョウバエにも存在し、光に対する反応はもちろんのこと、細胞分裂や神経突起の成長、免疫システムの統制など、さまざまな生命活動に関与している遺伝子群であることがわかったという。なお、ＣＯＰ９シグナロソームは細胞増殖、つまり癌のメカニズムにもかかわっていることから、世界中のラボで医学やバイオテクノロジーの研究に活用されているそうである。

　そんなチャモヴィッツ博士が、自分の研究分野も含めた新しい科学的発見や概念を、広く一般の人に伝えるために選んだのが、植物の機能をヒトの五感と比較するという切り口だった。もちろん彼は学者だから、「植物もヒトと同じように感じたり考えたりしているんですよ」というような疑似科学の本がベストセラーになることに心を痛めている。科学をわかりやすく伝えるためには何でも擬人化すればいいとも思っていない。それでも、ヒトとはかけ離れた存在である植物の生物学的な反応や機能を読む人に理解してもらうためには、ヒトのふるまいをたとえに使うのが最良だと考えた。

　先ほど、本書は植物の機能をヒトの五感と比較していると書いたが、実際に章立てに使われているのは、五つのうち「視覚」「嗅覚」「触覚」「聴覚」の四つである。ヒトの五つ目の感覚は「味覚」だが、これはチャモヴィッツ博士によれば嗅覚の変形なのだそうだ。５章で取り上げている「位置感覚」は、ヒトの平衡感覚に相当する。

ヒトを含む動物の平衡感覚は、聴覚とまとめて語られることが多い。なぜなら、両者の感覚器がともに耳の中にあるからだ。だが、『図解・感覚器の進化――原始動物からヒトへ水中から陸上へ』（岩堀修明著、講談社ブルーバックス）によれば、「『耳』とは重力を感じる平衡覚器の中に、あとから聴覚器が入り込んだもの」だという。「地球上のすべての生き物は重力の影響を受けている。このため、最も原始的な動物にも何らかの形で平衡覚器が備わっていて、体の傾きを感知している。生物の歴史において、平衡覚器は最も古い感覚器の一つである」（同書より引用）。同書には、動物が平衡覚器のそばに聴覚器をどのように付け足していったかという進化過程が詳しく図解説明されている。たいへん面白い本なので、機会があればぜひ読んでみてほしい。

しかし、この平衡感覚は植物にもある。最も原始的な動物に存在し、植物にも存在するのなら、生物が動物と植物に分かれる前からあったと考えていい。二四時間ごとの概日リズム（いわゆる生物時計）も、動物、植物、その共通祖先である単細胞バクテリアに備わっている。ということは、生命は地球に誕生したときから、地球の重力と自転を感じながら自己複製を重ねてきたのかもしれない。もし地球以外の惑星に生命体が存在するなら、その生命体もまた誕生した惑星の重力と自転に支配されているのだろう。どれほど知能が高く、どれほど強靭で、どれほど獰猛（どうもう）なエイリアンでも、地球に降り立ったとたんに平衡感覚が狂い、時差ボケに悩まされ、本来の力を発揮できないとすれば、エイリアンの襲撃を心配する必要はなさそうだ。

話は少しそれてしまったが、概日リズムに関しては『生物時計はなぜリズムを刻むのか』（ラッセル・フォスター&レオン・クライッツマン著、本間徳子訳、日経BP社）に詳しい。動物の目の獲得や、植物の光合成の獲得については『生命の跳躍』（ニック・レーン著、斉藤隆央訳、みすず書房）が説得力のあるストーリーを展開している。原初生命の光に対する反応が、動物では目のシステムに、植物では光合成のシステムに向かったことを思うと、植物が「見ている」というような表現を便宜上どれだけ使ったとしても、それはヒトが「見ている」こととは根本的に（進化で枝分かれした根元のところから）違うのだとわかる。

6章に出てくるエピジェネティクスについては、『エピジェネティクス 操られる遺伝子』（リチャード・C・フランシス著、野中香方子訳、ダイヤモンド社）が、一般向けの本としてはいまのところ最も内容が充実している。これまで遺伝子は司令塔のような存在だと考えられてきたが、どうやら命令することも、命令されることもある、多元的な存在らしいとわかってきた。命令する側にあるのは環境要因かもしれないし、概日システムのような時間情報かもしれないし、隣り合う細胞との相互の位置情報かもしれない。そのあたりの研究はいままさに進行中で、私たちは遺伝子の概念が書き換えられつつある時代の真っただ中にいるということだ。

そういえば、ヒトの遺伝子が二万二〇〇〇個なのに対し、イネの遺伝子は三万二〇〇〇個あるという。植物は動けない、逃げられないからこそ、動物以上に感覚システムや防御システムを発達させる必要があり、その歴史が遺伝子の数として表れているのだろうか？　本書を訳しながら、私はそんなことを考えていた。

河出書房新社編集部の揖木敏男さんには今回もお世話になった。いつも興味深い本と引き合わせてもらい、たいへん感謝している。生き物に関する本は、とりわけ遺伝子や進化がからむものは、訳す前より訳したあとのほうが疑問や謎が深まることが多い。しかし、そんな疑問や謎が、新たな本を訳す原動力になってくれるのもまた事実である。

二〇一三年二月

文庫版 訳者あとがき

生物進化について、誤解であるにもかかわらずよく目にするのが梯子(はしご)の図だ。それは、生物を一列に並べて最後にヒトを配置する構図をとっている。だが、実際の生物進化は、枝分かれをくり返す樹木（系統樹）の図である。

現在、系統的にヒトにいちばん近い動物はチンパンジーだと言われている。しかし、チンパンジーが梯子を上って（進化して）ヒトになったわけではない。ヒトの祖先とチンパンジーの祖先をそれぞれ七〇〇万年ほどさかのぼったところに共通祖先がいる。その共通祖先はヒトでもチンパンジーでもない。現在のヒトは、そこから七〇〇万年かけて進化してきた。現在のチンパンジーもまた、その共通祖先から七〇〇万年かけて進化してきた。どちらの種も、同じ時間をかけて適応に適応を重ね、現在まで生き延びてきたのだから、一方が高等でもう一方が下等だということにはならない。

ヒトと植物ではどうだろうか。地球上に植物が出現したのは五億～一〇億年前だとされているから、それより前にヒトと植物の共通祖先がいたことになる。現在の植物もヒトも、それぞれ一〇億年かけて進化してきた。そのように考えれば、植物に、ヒトとは異なる豊かな感覚や知覚があることは不思議でも何でもない。この本で著者は、植物を安易に擬人化して表現することを戒めるために、植物には脳がないという点を強調するスタンスをとっているが、植物には脳がないからヒトより劣っていると言っているわけではない。

可能性として、植物には、まだ科学的に解明されていないだけで、一〇億年かけて進化させた別の仕組みがあるとも考えられる。そもそも、ヒトの脳が他の生物のそれに類する仕組みよりすぐれているという前提は正しいのだろうか。ヒトは脳を発達させたおかげで他の生物を支配する力を得たかもしれないが、発達した脳のせいで、怒りや憎しみといった負の感情にとらわれ、無益な争いをするなど、不幸になっている面もある。いや、ひょっとすると、私たちに他の生物を支配する力があるというのは幻想にすぎず、他の生物に操られているのを知らないだけかもしれない。

近ごろ、私は人体を棲み処(すみか)にしている細菌についての本を翻訳して、新たな知見を得た。細菌はたった一個の細胞でできている小さな生き物で、地球上に出現したのは三六億年前ごろだとされている。ヒトは多細胞生物で体も大きいから、細菌とは比べものにならないほど複雑で高度だと考えがちだが、腸内細菌は外界（この場合はヒトの腸内環境）を見きわめながら、自分たちに都合がよくなるようヒトの免疫系や脳に働きかけていることが、最近の研究で続々と明らかになっているというのだ。

現在、私たちの体に棲みついている細菌は、三六億年の進化を経て生き延びてきたのはもちろんのこと、七〇〇〇万年前からは人体に棲み続けるために進化に磨きをかけてきた。そのことに思いを馳せれば、細菌にヒトを操る仕組みが備わっているのはそんなにおかしなことではないと思えてくる。

ヒトと共生している微生物生態系についてのポピュラーサイエンス書は、私が訳した本を含めて何点か出ているが、つい最近（二〇一六年一一月）、切り口がとりわけ斬新なものが刊行された。それは『土と内臓――微生物がつくる世界』（デイビッド・モントゴメリー＆アン・ビクレー著、片岡夏実訳、築地書館）で、植物の「根」の内部や表面を棲み処にしている細菌と外界（この場合は土壌環境）の関係を、ヒトの腸内細菌になぞらえて論じた本である。『植物はそこまで知っている』を楽しんでもらえた読者の方には、つぎに読む本として『土と内臓』はお薦めだ。

ヒトの脳に類するものがあろうとなかろうと、生き物は問題に直面するたびに対処して乗り越えていく。これがすなわち「生き延びる」ということだ。現存する生物は、大きいものも小さいものも、動くものも動かないものも、過去の諸問題を長きにわたって克服してきた結果、いまここにいるのだと思うと、すべてが愛おしくなる。

二〇一六年一一月

An Illustrated Flora of the Northern United States, Canada, and the British Possessions, 3 vols. (New York: Charles Scribner's Sons, 1913), 3:345.

p.85 USDA-NRCS PLANTS Database / Nathaniel Lord Britton and Addison Brown, *An Illustrated Flora of the Northern United States, Canada, and the British Possessions,* 3 vols. (New York: Charles Scribner's Sons, 1913), 3:168.

p.93 George Crouter, in Dorothy L. Retallack, *The Sound of Music and Plants* (Santa Monica, Calif.: DeVorss, 1973), p. 6.

p.97 Francisco Manuel Blanco, *Flora de Filipinas*, book 4 (Manila: Plana, 1880–83).

p.99 Prof. Dr. Otto Wilhelm Thomé, *Flora von Deutschland, Österreich, und der Schweiz* (Gera: Köhler, 1885).

p.118 Varda Wexler.

p.119 Taken from figure 196, in Charles Darwin and Francis Darwin, *The Power of Movement in Plants* (New York: D. Appleton, 1881).

p.123 Walter Hood Fitch, *Curtis's Botanical Magazine* vol. 94, ser. 3, no. 24 (1868), plate 5720.

p.127 USDA-NRCS PLANTS Database / A. S. Hitchcock, revised by Agnes Chase, *Manual of the Grasses of the United States,* USDA Miscellaneous Publication no. 200 (Washington, D.C.: U.S. Government Printing Office, 1950).

p.129 Taken from figure 6, in Charles Darwin and Francis Darwin, *The Power of Movement in Plants* (New York: D. Appleton, 1881).

p.131 USDA-NRCS PLANTS Database / USDA Natural Resources Conservation Service, *Wetland Flora: Field Office Illustrated Guide to Plant Species.*

p.147 Varda Wexler.

p.148 USDA-NRCS PLANTS Database / Nathaniel Lord Britton and Addison Brown, *An Illustrated Flora of the Northern United States, Canada, and the British Possessions,* 3 vols. (New York: Charles Scribner's Sons, 1913), 2:436.

p.149 USDA-NRCS PLANTS Database / Nathaniel Lord Britton and Addison Brown, *An Illustrated Flora of the Northern United States, Canada, and the British Possessions,* 3 vols. (New York: Charles Scribner's Sons, 1913), 3:497.

p.151 USDA-NRCS PLANTS Database / A. S. Hitchcock, revised by Agnes Chase, *Manual of the Grasses of the United States,* USDA Miscellaneous Publication no. 200 (Washington, D.C.: U.S. Government Printing Office, 1950).

図版出典

p.21 Amédée Masclef, *Atlas des plantes de France* (Paris: Klincksieck, 1891).

p.22 Varda Wexler.

p.23 Ernst Gilg and Karl Schumann, *Das Pflanzenreich*, Hausschatz des Wissens (Neudamm: Neumann, ca. 1900).

p.29 USDA-NRCS PLANTS Database / Nathaniel Lord Britton and Addison Brown, *An Illustrated Flora of the Northern United States, Canada, and the British Possessions*, 3 vols. (New York: Charles Scribner's Sons, 1913), 2:176.

p.45 USDA-NRCS PLANTS Database / Nathaniel Lord Britton and Addison Brown, *An Illustrated Flora of the Northern United States, Canada, and the British Possessions*, 3 vols. (New York: Charles Scribner's Sons, 1913), 3:49.

p.49 Prof. Dr. Otto Wilhelm Thomé, *Flora von Deutschland, Österreich, und der Schweiz* (Gera: Köhler, 1885).

p.51 Walter Hood Fitch, *Illustrations of the British Flora* (London: Reeve, 1924).

p.53 Francisco Manuel Blanco, *Flora de Filipinas* [Atlas II] (Manila: Plana, 1880–83).

p.55 Modified from figures 2 and 3, in Martin Heil and Juan Carlos Silva Bueno, "Within-Plant Signaling by Volatiles Leads to Induction and Priming of an Indirect Plant Defense in Nature," *Proceedings of the National Academy of Sciences of the United States of America* 104, no. 13 (2007): 5467–72. Copyright © 2007 National Academy of Sciences,U.S.A.

p.59 Illustration from a photograph of *Amorphophallus titanum* in Wilhelma by Lothar Grünz (2005).

p.67 USDA-NRCS PLANTS Database, http://plants.usda.gov, accessed August 25, 2011, National Plant Data Team, Greensboro, N.C., 27401-4901 U.S.A.

p.71 Taken from figure 12, in Charles Darwin, *Insectivorous Plants* (London: John Murray, 1875).

p.75 Paul Hermann Wilhelm Taubert, *Natürliche Pflanzenfamilien* (Leipzig: Engelmann, 1891), 3:3.

p.77 USDA-NRCS PLANTS Database / Nathaniel Lord Britton and Addison Brown,

Elisa Masi et al., "Spatiotemporal Dynamics of the Electrical Network Activity in the Root Apex," *Proceedings of the National Academy of Sciences of the United States of America* 106, no. 10 (2009): 4048–53.

(7) Amedeo Alpi et al., " Plant Neurobiology: No Brain, No Gain?," *Trends in Plant Science* 12, no. 4 (2007): 135–36.

(8) John J. Bonica, "Need of a Taxonomy," Pain 6, no. 3 (1979): 247–52. See also www.iasp-pain.org/AM/Template.cfm?Section=Pain_Definitions&Template=/CM/HTMLDisplay.cfm&ContentID=1728#Pain.

(9) Michael C. Lee and Irene Tracey, "Unravelling the Mystery of Pain, Suffering, and Relief with Brain Imaging," *Current Pain and Headache Reports* 14, no. 2 (2010): 124–31.

(10) Alison Abbott, " Swiss 'Dignity' Law Is Threat to Plant Biology," *Nature* 452, no. 7190 (2008): 919.

Receptor Genes in Plants," *Nature* 396, no. 6707 (1998): 125– 26.
(22) Erwan Michard et al., "Glutamate Receptor– Like Genes Form Ca2+ Channels in Pollen Tubes and Are Regulated by Pistil D-Serine," *Science* 332, no. 434 (2011).
(23) Tulving, "How Many Memory Systems Are There?"
(24) Cvrckova, Lipavska, and Zarsky, " Plant Intelligence."

エピローグ　植物は知っている

(1) Alfred Binet, Théodore Simon, and Clara Harrison Town, *A Method of Measuring the Development of the Intelligence of Young Children* (Lincoln, Ill.: Courier, 1912) ; Howard Gardner, *Intelligence Reframed: Multiple Intelligences for the 21st Century* (New York: Basic Books, 1999)(『MI：個性を生かす多重知能の理論』松村暢隆訳、新曜社、2001) ; Stephen Greenspan and Harvey N. Switzky, "Intelligence Involves Risk-Awareness and Intellectual Disability Involves Risk-Unawareness: Implications of a Theory of Common Sense," *Journal of Intellectual and Developmental Disability*, in press (2011) ; Robert J. Sternberg, *The Triarchic Mind: A New Theory of Human Intelligence* (New York: Viking, 1988) .
(2) Reuven Feuerstein, "The Theory of Structural Modifiability," in *Learning and Thinking Styles: Classroom Interaction*, edited by Barbara Z. Presseisen (Washington, D.C.: NEA Professional Library, National Education Association, 1990) ; Reuven Feuerstein, Refael S. Feuerstein, and Louis H. Falik, *Beyond Smarter: Mediated Learning and the Brain's Capacity for Change* (New York: Teachers College Press, 2010) ; Binyamin Hochner, "Octopuses," *Current Biology* 18, no. 19 (2008): R897–98; Britt Anderson, "The G Factor in Nonhuman Animals," *Novartis Foundation Symposium* 233 (2000): 79–90, discussion 90–95.
(3) William Lauder Lindsay, "Mind in Plants," *British Journal of Psychiatry* 21 (1876): 513–32.
(4) Anthony Trewavas, "Aspects of Plant Intelligence," *Annals of Botany* 92, no. 1 (2003): 1–20.
(5) Eric D. Brenner et al., " Plant Neurobiology: An Integrated View of Plant Signaling," *Trends in Plant Science* 11, no. 8 (2006): 413–19.
(6) Frantiöek Baluöka, Simcha Lev-Yadun, and Stefano Mancuso, "Swarm Intelligence in Plant Roots," *Trends in Ecology and Evolution* 25, no. 12 (2010): 682–83; Frantiöek Baluöka et al., "The 'Root-Brain' Hypothesis of Charles and Francis Darwin: Revival After More Than 125 Years," *Plant Signaling & Behavior* 4, no. 12 (2009): 1121– 27;

Morphogenetic Information in Plants: The Existence of a Sort of Primitive Plant 'Memory,' " *Comptes Rendus de l'Académie des Sciences, Série III* 323, no. 1 (2000): 81–91.

(12) E. W. Caspari and R. E. Marshak, "The Rise and Fall of Lysenko," *Science* 149, no. 3681 (1965): 275–78.

(13) John H. Klippart, *Ohio State Board of Agriculture Annual Report* 12 (1857): 562–816.

(14) Ruth Bastow et al., "Vernalization Requires Epigenetic Silencing of *FLC* by Histone Methylation," *Nature* 427, no. 6970 (2004): 164–67; Yuehui He, Mark R. Doyle, and Richard M. Amasino, " PAF1- Complex-Mediated Histone Methylation of *Flowering Locus C* Chromatin Is Required for the Vernalization- Responsive, Winter-Annual Habit in *Arabidopsis," Genes & Development* 18, no. 22 (2004): 2774–84.

(15) Pedro Crevillen and Caroline Dean, "Regulation of the Floral Repressor Gene FLC: The Complexity of Transcription in a Chromatin Context," *Current Opinion in Plant Biology* 14, no. 1 (2011): 38–44.

(16) Jean Molinier et al., "Transgeneration Memory of Stress in Plants," *Nature* 442, no. 7106 (2006): 1046–49.

(17) Alex Boyko et al., "Transgenerational Adaptation of *Arabidopsis* to Stress Requires DNA Methylation and the Function of Dicer-Like Proteins," *PLoS One* 5, no. 3 (2010): e9514.

(18) Ales Pecinka et al., "Transgenerational Stress Memory Is Not a General Response in Arabidopsis," *PLoS One* 4, no. 4 (2009): e5202.

(19) Eva Jablonka and Gal Raz, "Transgenerational Epigenetic Inheritance: Prevalence, Mechanisms, and Implications for the Study of Heredity and Evolution," *Quarterly Review of Biology* 84, no. 2 (2009): 131–76; Faculty of 1000, evaluations, dissents, and comments for Molinier et al., "Transgeneration Memory of Stress in Plants," Faculty of 1000, September 19, 2006, F1000.com/1033756; Ki-Hyeon Seong et al., "Inheritance of Stress-Induced, ATF-2-Dependent Epigenetic Change," *Cell* 145, no. 7 (2011): 1049–61.

(20) Tia Ghose, "How Stress Is Inherited," *Scientist* (2011), http://the-scientist.com/2011/07/01/how-stress-is-inherited.

(21) Eric D. Brenner et al., "Arabidopsis Mutants Resistant to S(+)-Beta-Methyl-Alpha, Beta-Diaminopropionic Acid, a Cycad-Derived Glutamate Receptor Agonist," *Plant Physiology* 124, no. 4 (2000): 1615–24; Hon-Ming Lam et al., " Glutamate-

States of America 103, no. 4 (2006): 829–30.
(16) Kitazawa et al., " Shoot Circumnutation and Winding Movements Require Gravisensing Cells."
(17) Anders Johnsson, Bjarte Gees Solheim, and Tor-Henning Iversen, "Gravity Amplifies and Microgravity Decreases Circumnutations in *Arabidopsis thaliana* Stems: Results from a Space Experiment," *New Phytologist* 182, no. 3 (2009): 621–29.
(18) Morita, "Directional Gravity Sensing in Gravitropism."

6章　植物は憶えている

(1) Mark J. Jaffe, "Experimental Separation of Sensory and Motor Functions in Pea Tendrils," *Science* 195, no. 4274 (1977): 191– 92.
(2) Endel Tulving, "How Many Memory Systems Are There?," *American Psychologist* 40, no. 4 (1985): 385–98. タルヴィングの記憶モデルはよく知られているが、一枚岩で受け入れられているわけではない。記憶という学問分野には多数のモデルと理論が存在しており、また、そのすべてが相互に両立しえない関係だというわけではない。
(3) Fatima Cvrckova, Helena Lipavska, and Viktor Zarsky, " Plant Intelligence: Why, Why Not, or Where?," *Plant Signaling & Behavior* 4, no. 5 (2009): 394–99.
(4) Todd C. Sacktor, "How Does PKMz Maintain Long- Term Memory?," *Nature Reviews Neuroscience* 12, no. 1 (2011): 9–15.
(5) John S. Burdon- Sanderson, "On the Electromotive Properties of the Leaf of *Dionaea* in the Excited and Unexcited States," *Philosophical Transactions of the Royal Society of London* 173 (1882): 1–55.
(6) Dieter Hodick and Andreas Sievers, "The Action Potential of *Dionaea muscipula Ellis,*" *Planta* 174, no. 1 (1988): 8–18.
(7) Alexander G. Volkov, Tejumade Adesina, and Emil Jovanov, "Closing of Venus Flytrap by Electrical Stimulation of Motor Cells," *Plant Signaling & Behavior* 2, no. 3 (2007): 139–45.
(8) Ibid.
(9) Rudolf Dostál, *On Integration in Plants*, translated by Jana Moravkova Kiely (Cambridge, Mass.: Harvard University Press, 1967).
(10) Described in Anthony Trewavas, "Aspects of Plant Intelligence," *Annals of Botany* 92, no. 1 (2003): 1–20.
(11) Michel Thellier et al., " Long- Distance Transport, Storage, and Recall of

(2) Thomas Andrew Knight, "On the Direction of the Radicle and Germen During the Vegetation of Seeds," *Philosophical Transactions of the Royal Society of London* 96 (1806): 99–108.

(3) Charles Darwin and Francis Darwin, *The Power of Movement in Plants* (New York: D. Appleton, 1881).

(4) Ryuji Tsugeki and Nina V. Fedoroff, "Genetic Ablation of Root Cap Cells in *Arabidopsis*," *Proceedings of the National Academy of Sciences of the United States of America* 96, no. 22 (1999): 12941–46.

(5) Miyo Terao Morita, "Directional Gravity Sensing in Gravitropism," *Annual Review of Plant Biology* 61 (2010): 705–20.

(6) Joanna W. Wysocka-Diller et al., "Molecular Analysis of SCARECROW Function Reveals a Radial Patterning Mechanism Common to Root and Shoot," *Development* 127, no. 3 (2000): 595–603.

(7) Daisuke Kitazawa et al., " Shoot Circumnutation and Winding Movements Require Gravisensing Cells," *Proceedings of the National Academy of Sciences of the United States of America* 102, no. 51 (2005): 18742–47.

(8) Wysocka-Diller et al., "Molecular Analysis of SCARECROW Function."

(9) Sean E. Weise et al., "Curvature in Arabidopsis Inflorescence Stems Is Limited to the Region of Amyloplast Displacement," *Plant and Cell Physiology* 41, no. 6 (2000): 702–9.

(10) John Z. Kiss, W. Jira Katembe, and Richard E. Edelmann, "Gravitropism and Development of Wild-Type and Starch- Deficient Mutants of Arabidopsis During Spaceflight," *Physiologia Plantarum* 102, no. 4 (1998): 493–502.

(11) Peter Boysen-Jensen, "Über die Leitung des phototropischen Reizes in der Avenakoleoptile," *Berichte des Deutschen Botanischen Gesellschaft* 31 (1913): 559–66.

(12) Maria Stolarz et al., "Disturbances of Stem Circumnutations Evoked by Wound-Induced Variation Potentials in Helianthus annuus L.," *Cellular & Molecular Biology Letters* 8, no. 1 (2003): 31–40.

(13) Anders Johnsson and Donald Israelsson, "Application of a Theory for Circumnutations to Geotropic Movements," *Physiologia Plantarum* 21, no. 2 (1968): 282–91.

(14) Allan H. Brown et al., "Circumnutations of Sunflower Hypocotyls in Satellite Orbit," *Plant Physiology* 94 (1990): 233–38.

(15) John Z. Kiss, "Up, Down, and All Around: How Plants Sense and Respond to Environmental Stimuli," *Proceedings of the National Academy of Sciences of the United*

(17) Arthur W. Galston, "The Unscientific Method," *Natural History* 83, no. 3 (1974): 18, 21, 24.

(18) Janet Braam and Ronald W. Davis, " Rain-Induced, Wind-Induced, and Touch-Induced Expression of Calmodulin and Calmodulin-Related Genes in Arabidopsis," *Cell* 60, no. 3 (1990): 357–64.

(19) Peter Scott, *Physiology and Behaviour of Plants* (Hoboken, N.J.: John Wiley, 2008).

(20) The Arabidopsis Genome Initiative, "Analysis of the Genome Sequence of the Flowering Plant *Arabidopsis thaliana*," *Nature* 408, no. 6814 (2000): 796–815.

(21) Alan M. Jones et al., "The Impact of *Arabidopsis* on Human Health: Diversifying Our Portfolio," *Cell* 133, no. 6 (2008): 939–43.

(22) Daniel A. Chamovitz and Xing- Wang Deng, "The Novel Components of the Arabidopsis Light Signaling Pathway May Define a Group of General Developmental Regulators Shared by Both Animal and Plant Kingdoms," *Cell* 82, no. 3 (1995): 353–54.

(23) Kiyomi Abe et al., "Inefficient Double- Strand DNA Break Repair Is Associated with Increased Fascination in *Arabidopsis* BRCA2 Mutants," *Journal of Experimental Botany* 70, no. 9 (2009): 2751– 61.

(24) Valera V. Peremyslov et al., "Two Class XI Myosins Function in Organelle Trafficking and Root Hair Development in Arabidopsis," *Plant Physiology* 146, no. 3 (2008): 1109–16.

(25) "Phonobiologic Wines," www.brightgreencities.com/v1/en/bright-green-book/italia/vinho-fonobiologico.

(26) Roman Zweifel and Fabienne Zeugin, "Ultrasonic Acoustic Emissions in Drought-Stressed Trees —— More Than Signals from Cavitation?," *New Phytologist* 179, no. 4 (2008): 1070–79.

(27) Theodosius Dobzhansky, "Biology, Molecular and Organismic," *American Zoologist* 4, no. 4 (1964): 443–52.

5章　植物は位置を感じている

(1) Henri- Louis Duhamel du Monceau, *La physique des arbres où il est traité de l'anatomie des plantes et de l'économie végétale: Pour servir d'introduction au "Traité complet des bois & des forests," avec une dissertation sur l'utilité des méthodes de botanique & une explication des termes propres à cette science & qui sont en usage pour l'exploitation des bois & des forêts* (Paris: H. L. Guérin & L. F. Delatour, 1758).

website, http://plantphys.info/music.shtml; www.youth.net/nsrc/sci/sci048.html#anchor992130; http://jrscience.wcp.muohio.edu/nsfall05/LabpacketArticles/Whichtypeofmusicbeststimu.html; http://spider2.allegheny.edu/student/S/sesekj/FS%20Bio%20201%20Coenen%20Draft% 20Results- Discussion.doc.

(3) Hearing Impairment Information,www.disabled-world.com/disability/types/hearing.

(4) Francis Darwin, ed., *Charles Darwin: His Life Told in an Autobiographical Chapter and in a Selected Series of His Published Letters* (London: John Murray, 1892).

(5) Katherine Creath and Gary E. Schwartz, "Measuring Effects of Music, Noise, and Healing Energy Using a Seed Germination Bioassay," *Journal of Alternative and Complementary Medicine* 10, no. 1 (2004): 113–22.

(6) The Veritas Research Program, http://veritas.arizona.edu.

(7) Ray Hyman, "How Not to Test Mediums: Critiquing the Afterlife Experiments," www.csicop.org/si/show/how_not_to_test_mediums_critiquing_the_afterlife_experiments//; Robert Todd Carroll, "Gary Schwartz's Subjective Evaluation of Mediums: *Veritas* or Wishful Thinking?," http://skepdic.com/essays/gsandsv.html.

(8) Creath and Schwartz, "Measuring Effects of Music, Noise, and Healing Energy."

(9) Pearl Weinberger and Mary Measures, "The Effect of Two Audible Sound Frequencies on the Germination and Growth of a Spring and Winter Wheat," *Canadian Journal of Botany* 46, no. 9 (1968): 1151–58. Pearl Weinberger and Mary Measures, "Effects of the Intensity of Audible Sound on the Growth and Development of Rideau Winter Wheat," *Canadian Journal of Botany* 57, no. 9 (1979): 1151036–39.

(10) Dorothy L. Retallack, *The Sound of Music and Plants* (Santa Monica, Calif.: DeVorss, 1973).

(11) Anthony Ripley, "Rock or Bach an Issue to Plants, Singer Says," *New York Times*, February 21, 1977.

(12) Franklin Loehr, *The Power of Prayer on Plants* (Garden City, N.Y.: Doubleday, 1959).

(13) Linda Chalker-Scott, "The Myth of Absolute Science: 'If It's Published, It Must Be True,' " www.puyallup.wsu.edu/~linda% 20chalker- scott/horticultural%20myths_files/Myths/Bad%20science.pdf.

(14) Richard M. Klein and Pamela C. Edsall, "On the Reported Effects of Sound on the Growth of Plants," *Bioscience* 15, no. 2 (1965): 125–26.

(15) Ibid.

(16) Peter Tompkins and Christopher Bird, *The Secret Life of Plants* (New York: Harper & Row, 1973)(『植物の神秘生活』新井昭広訳、工作舎、1987).

(2) Ibid., p. 1.

(3) Ibid., p. 291.

(4) John Burdon- Sanderson, "On the Electromotive Properties of the Leaf of *Dionaea* in the Excited and Unexcited States," *Philosophical Transactions of the Royal Society* 173 (1882): 1–55.

(5) Alexander G. Volkov, Tejumade Adesina, and Emil Jovanov, "Closing of Venus Flytrap by Electrical Stimulation of Motor Cells," *Plant Signaling & Behavior* 2, no. 3 (2007): 139–45.

(6) Ibid.; Dieter Hodick and Andreas Sievers, "The Action Potential of *Dionaea muscipula* Ellis," *Planta* 174, no. 1 (1988): 8–18.

(7) Virginia A. Shepherd, "From Semi-conductors to the Rhythms of Sensitive Plants: The Research of J. C. Bose," *Cellular and Molecular Biology* 51, no. 7 (2005): 607–19.

(8) Subrata Dasgupta, "Jagadis Bose, Augustus Waller, and the Discovery of 'Vegetable Electricity,' " *Notes and Records of the Royal Society of London* 52, no. 2 (1998): 307–22.

(9) Frank B. Salisbury, *The Flowering Process*, International Series of Monographs on Pure and Applied Biology, Division: Plant Physiology (New York: Pergamon Press, 1963).

(10) Mark J. Jaffe, "Thigmomorphogenesis: The Response of Plant Growth and Development to Mechanical Stimulation —— with Special Reference to *Bryonia dioica*," *Planta* 114, no. 2 (1973): 143–57.

(11) Janet Braam and Ronald W. Davis, "Rain-Induced, Wind- Induced, and Touch-Induced Expression of Calmodulin and Calmodulin-Related Genes in Arabidopsis," *Cell* 60, no. 3 (1990): 357–64.

(12) Dennis Lee, Diana H. Polisensky, and Janet Braam, " Genome-Wide Identification of Touch- and Darkness-Regulated Arabidopsis Genes: A Focus on Calmodulin-Like and *XTH* Genes," *New Phytologist* 165, no. 2 (2005): 429–44.

(13) David C. Wildon et al., "Electrical Signaling and Systemic Proteinase-Inhibitor Induction in the Wounded Plant," *Nature* 360, no. 6399 (1992): 62–65.

4章　植物は聞いている

(1) For example, "Plants and Music," www.miniscience.com/projects/plantmusic/index.html.

(2) Ross E. Koning, Science Projects on Music and Sound, Plant Physiology Information

Thompson Institute 7 (1935): 231–48.

(4) Justin B. Runyon, Mark C. Mescher, and Consuelo M. De Moraes, "Volatile Chemical Cues Guide Host Location and Host Selection by Parasitic Plants," *Science* 313, no. 5795 (2006): 1964–67.

(5) David F. Rhoades, "Responses of Alder and Willow to Attack by Tent Caterpillars and Webworms: Evidence for Pheromonal Sensitivity of Willows," in *Plant Resistance to Insects*, edited by Paul A. Hedin (Washington, D.C.: American Chemical Society, 1983), pp. 55–66.

(6) Ian T. Baldwin and Jack C. Schultz, " Rapid Changes in Tree Leaf Chemistry Induced by Damage: Evidence for Communication Between Plants," *Science* 221, no. 4607 (1983): 277–79.

(7) Simon V. Fowler and John H. Lawton, "Rapidly Induced Defenses and Talking Trees: The Devil's Advocate Position," *American Naturalist* 126, no. 2 (1985): 181–95.

(8) "Scientists Turn New Leaf, Find Trees Can Talk," *Los Angeles Times*, June 6, 1983, A9; "Shhh. Little Plants Have Big Ears," *Miami Herald*, June 11, 1983, 1B; " Trees Talk, Respond to Each Other, Scientists Believe," *Sarasota Herald-Tribune*, June 6, 1983; and "When Trees Talk," *New York Times*, June 7, 1983.

(9) Martin Heil and Juan Carlos Silva Bueno, " Within-Plant Signaling by Volatiles Leads to Induction and Priming of an Indirect Plant Defense in Nature," *Proceedings of the National Academy of Sciences of the United States of America* 104, no. 13 (2007): 5467–72.

(10) Hwe-Su Yi et al., "Airborne Induction and Priming of Plant Defenses Against a Bacterial Pathogen," *Plant Physiology* 151, no. 4 (2009): 2152–61.

(11) Vladimir Shulaev, Paul Silverman, and Ilya Raskin, "Airborne Signalling by Methyl Salicylate in Plant Pathogen Resistance," *Nature* 385, no. 6618 (1997): 718–21.

(12) Mirjana Seskar, Vladimir Shulaev, and Ilya Raskin, "Endogenous Methyl Salicylate in Pathogen-Inoculated Tobacco Plants," *Plant Physiology* 116, no. 1 (1998): 387–92.

(13) Michael Pollan, *The Botany of Desire: A Plant's- Eye View of the World* (New York: Random House, 2001)(『欲望の植物誌』西田佐知子訳、八坂書房、2003、2012).

(14) Shani Gelstein et al., "Human Tears Contain a Chemosignal," *Science* 331, no. 6014 (2011): 226–30.

3章　植物は接触を感じている

(1) Charles Darwin, *Insectivorous Plants* (London: John Murray, 1875), p. 286.

Plant to Relative Length of Day and Night," *Science* 55, no. 1431 (1922): 582–83.
(6) Marion W. Parker et al., "Action Spectrum for the Photoperiodic Control of Floral Initiation in Biloxi Soybean," *Science* 102, no. 2641 (1945): 152–55.
(7) Harry Alfred Borthwick, Sterling B. Hendricks, and Marion W. Parker, "The Reaction Controlling Floral Initiation," *Proceedings of the National Academy of Sciences of the United States of America* 38, no. 11 (1952): 929–34; Harry Alfred Borthwick et al., "A Reversible Photoreaction Controlling Seed Germination," *Proceedings of the National Academy of Sciences of the United States of America* 38, no. 8 (1952): 662–66.
(8) Warren L. Butler et al., "Detection, Assay, and Preliminary Purification of the Pigment Controlling Photoresponsive Development of Plants," *Proceedings of the National Academy of Sciences of the United States of America* 45, no. 12 (1959): 1703–8.
(9) Maarten Koornneef, E. Rolff, and Carel Johannes Pieter Spruit, "Genetic Control of Light- Inhibited Hypocotyl Elongation in *Arabidopsis thaliana* (L) Heynh," *Zeitschrift für Pflanzenphysiologie* 100, no. 2 (1980): 147–60.
(10) Joanne Chory, " Light Signal Transduction: An Infinite Spectrum of Possibilities," *Plant Journal* 61, no. 6 (2010): 982–91.
(11) Georg Kreimer, "The Green Algal Eyespot Apparatus: A Primordial Visual System and More?", *Current Genetics* 55, no. 1 (2009): 19–43.
(12) Jonathan Gressel, " Blue-Light Photoreception," *Photochemistry and Photobiology* 30, no. 6 (1979): 749–54.
(13) Margaret Ahmad and Anthony R. Cashmore, "*HY4* Gene of *A. thaliana* Encodes a Protein with Characteristics of a Blue-Light Photoreceptor," *Nature* 366, no. 6451 (1993): 162–66.
(14) Anthony R. Cashmore, "Cryptochromes: Enabling Plants and Animals to Determine Circadian Time," *Cell* 114, no. 5 (2003): 537–43.

2章　植物は匂いを嗅いでいる

(1) Available at Merriam-Webster.com.
(2) Frank E. Denny, "Hastening the Coloration of Lemons," *Agricultural Research* 27 (1924): 757–69.
(3) Richard Gane, "Production of Ethylene by Some Ripening Fruits," *Nature* 134 (1934): 1008; and William Crocker, A. E. Hitchcock, and P. W. Zimmerman, "Similarities in the Effects of Ethylene and the Plant Auxins," *Contributions from Boyce*

原注

プロローグ

(1) Daniel A. Chamovitz et al., "The COP9 Complex, a Novel Multisubunit Nuclear Regulator Involved in Light Control of a Plant Developmental Switch," *Cell* 86, no. 1 (1996): 115–21.
(2) Daniel A. Chamovitz and Xing-Wang Deng, "The Novel Components of the Arabidopsis Light Signaling Pathway May Define a Group of General Developmental Regulators Shared by Both Animal and Plant Kingdoms," *Cell* 82, no. 3 (1995): 353–54.
(3) Alyson Knowles et al., "The COP9 Signalosome Is Required for Light-Dependent Timeless Degradation and *Drosophila* Clock Resetting," *Journal of Neuroscience* 29, no. 4 (2009): 1152–62; Ning Wei, Giovanna Serino, and Xing-Wang Deng, "The COP9 Signalosome: More Than a Protease," *Trends in Biochemical Sciences* 33, no. 12 (2008): 592–600.
(4) Peter Tompkins and Christopher Bird, *The Secret Life of Plants* (New York: Harper & Row, 1973)(『植物の神秘生活』新井昭広訳、工作舎、1987); Arthur W. Galston, "The Unscientific Method," *Natural History* 83 (1974): 18, 21, 24.

1章　植物は見ている

(1) "Sight," *Merriam-Webster*, www.merriam- webster.com/dictionary/sight.
(2) Charles Darwin and Francis Darwin, *The Power of Movement in Plants* (New York: D. Appleton, 1881), p. 1.
(3) Ibid., p. 450.
(4) アメリカ農務省（USDA）の光の研究については、以下に簡単な要約が載っている。www.ars.usda.gov/is/timeline/light.htm.
(5) Wightman W. Garner and Harry A. Allard, "Photoperiodism, the Response of the

植物はそこまで知っている
感覚に満ちた世界に生きる植物たち

二〇一七年 三 月二〇日 初版発行
二〇二三年 八 月三〇日 7刷発行

著 者 D・チャモヴィッツ
訳 者 矢野真千子

発行者 小野寺優
発行所 株式会社河出書房新社
〒一五一-〇〇五一
東京都渋谷区千駄ヶ谷二-三二-二
電話〇三-三四〇四-八六一一（編集）
〇三-三四〇四-一二〇一（営業）
https://www.kawade.co.jp/

ロゴ・表紙デザイン 粟津潔
本文フォーマット 佐々木暁
本文組版 KAWADE DTP WORKS
印刷・製本 大日本印刷株式会社

Printed in Japan ISBN978-4-309-46438-1

人間はどこまで耐えられるのか

フランセス・アッシュクロフト　矢羽野薫〔訳〕　46303-2

死ぬか生きるかの極限状況を科学する！　どのくらい高く登れるか、どのくらい深く潜れるか、暑さと寒さ、速さなど、肉体的な「人間の限界」を著者自身も体を張って果敢に調べ抜いた驚異の生理学。

ヴァギナ　女性器の文化史

キャサリン・ブラックリッジ　藤田真利子〔訳〕　46351-3

男であれ女であれ、生まれてきたその場所をもっとよく知るための、必読書！　イギリスの女性研究者が幅広い文献・資料をもとに描き出した革命的な一冊。図版多数収録。

精子戦争　性行動の謎を解く

ロビン・ベイカー　秋川百合〔訳〕　46328-5

精子と卵子、受精についての詳細な調査によって得られた著者の革命的な理論は、全世界の生物学者を驚かせた。日常の性行動を解釈し直し、性に対する常識をまったく新しい観点から捉えた衝撃作！

内臓とこころ

三木成夫　41205-4

「こころ」とは、内蔵された宇宙のリズムである……子供の発育過程から、人間に「こころ」が形成されるまでを解明した解剖学者の伝説的名著。育児・教育・医療の意味を根源から問い直す。

生命とリズム

三木成夫　41262-7

「イッキ飲み」や「朝寝坊」への宇宙レベルのアプローチから「生命形態学」の原点、感動的な講演まで、エッセイ、論文、講演を収録。「三木生命学」のエッセンス最後の書。

生物学個人授業

岡田節人／南伸坊　41308-2

「体細胞と生殖細胞の違いは？」「DNAって？」「プラナリアの寿命は千年？」……生物学の大家・岡田先生と生徒のシンボーさんが、奔放かつ自由に謎に迫る。なにかと話題の生物学は、やっぱりスリリング！

解剖学個人授業

養老孟司／南伸坊　41314-3

「目玉にも筋肉がある？」「大腸と小腸、実は同じ!!」「脳にとって冗談とは？」「人はなぜ解剖するの？」……人体の不思議に始まり解剖学の基礎、最先端までをオモシロわかりやすく学べる名・講義録！

快感回路

デイヴィッド・J・リンデン　岩坂彰〔訳〕　46398-8

セックス、薬物、アルコール、高カロリー食、ギャンブル、慈善活動……数々の実験とエピソードを交えつつ、快感と依存のしくみを解明。最新科学でここまでわかった、なぜ私たちはあれにハマるのか？

人生に必要な知恵はすべて幼稚園の砂場で学んだ 決定版

ロバート・フルガム　池央耿〔訳〕　46421-3

本当の知恵とは何だろう？　人生を見つめ直し、豊かにする感動のメッセージ！　"フルガム現象"として全米の学校、企業、政界、マスコミで大ブームを起こした珠玉のエッセイ集、決定版！

脳を最高に活かせる人の朝時間

茂木健一郎　41468-3

脳の潜在能力を最大限に引き出すには、朝をいかに過ごすかが重要だ。起床後３時間の脳のゴールデンタイムの活用法から夜の快眠管理術まで、頭も心もポジティブになる、脳科学者による朝型脳のつくり方。

心理学化する社会

斎藤環　40942-9

あらゆる社会現象が心理学・精神医学の言葉で説明される「社会の心理学化」。精神科臨床のみならず、大衆文化から事件報道に至るまで、同時多発的に生じたこの潮流の深層に潜む時代精神を鮮やかに分析。

世界一やさしい精神科の本

斎藤環／山登敬之　41287-0

ひきこもり、発達障害、トラウマ、拒食症、うつ……心のケアの第一歩に、悩み相談の手引きに、そしてなにより、自分自身を知るために——。一家に一冊、はじめての「使える精神医学」。

FBI捜査官が教える「しぐさ」の心理学

ジョー・ナヴァロ／マーヴィン・カーリンズ　西田美緒子〔訳〕　46380-3

体の中で一番正直なのは、顔ではなく脚と足だった！「人間ウソ発見器」の異名をとる元敏腕FBI捜査官が、人々が見落としている感情や考えを表すしぐさの意味とそのメカニズムを徹底的に解き明かす。

都市のドラマトゥルギー　東京・盛り場の社会史

吉見俊哉　40937-5

「浅草」から「銀座」へ、「新宿」から「渋谷」へ——人々がドラマを織りなす劇場としての盛り場を活写。盛り場を「出来事」として捉える独自の手法によって、都市論の可能性を押し広げた新しき古典。

日曜日の住居学

宮脇檀　41220-7

本当に住みやすい家とは、を求めて施主と真摯に関わってきた著者が、個々の家庭環境に応じた暮しの実相の中から、理想の住まいをつくる手がかりをまとめたエッセイ集。

南海ホークスがあったころ　野球ファンとパ・リーグの文化史

永井良和／橋爪紳也　41018-0

球団創設、歓喜の御堂筋パレード、低迷の日々……南海ホークスの栄光と挫折の軌跡を追いつつ、球場という空間のあり様や応援という行動の変遷を活写。ファンの視点からの画期的な野球史。貴重な写真多数！

科学以前の心

中谷宇吉郎　福岡伸一〔編〕　41212-2

雪の科学者にして名随筆家・中谷宇吉郎のエッセイを生物学者・福岡伸一氏が集成。雪に日食、温泉と料理、映画や古寺名刹、原子力やコンピュータ。精密な知性とみずみずしい感性が織りなす珠玉の二十五篇。

「科学者の楽園」をつくった男

宮田親平　41294-8

所長大河内正敏の型破りな采配のもと、仁科芳雄、朝永振一郎、寺田寅彦ら傑出した才能が集い、「科学者の自由な楽園」と呼ばれた理化学研究所。その栄光と苦難の道のりを描き上げる傑作ノンフィクション。

宇宙と人間　七つのなぞ

湯川秀樹　41280-1

宇宙、生命、物質、人間の心などに関する「なぞ」は古来、人々を惹きつけてやまない。本書は日本初のノーベル賞物理学者である著者が、人類の壮大なテーマを平易に語る。科学への真摯な情熱が伝わる名著。

科学を生きる

湯川秀樹　池内了〔編〕　41372-3

"物理学界の詩人"とうたわれ、平易な言葉で自然の姿から現代物理学の物質観までを詩情豊かに綴った湯川秀樹。「詩と科学」「思考とイメージ」など文人の素質にあふれた魅力を堪能できる28篇を収録。

「困った人たち」とのつきあい方

ロバート・ブラムソン　鈴木重吉／峠敏之〔訳〕　46208-0

あなたの身近に必ずいる「とんでもない人、信じられない人」——彼らに敢然と対処する方法を教えます。「困った人」ブームの元祖本、二十万部の大ベストセラーが、さらに読みやすく文庫になりました。

古代文明と気候大変動　人類の運命を変えた二万年史

ブライアン・フェイガン　東郷えりか〔訳〕　46307-0

人類の歴史は、めまぐるしく変動する気候への適応の歴史である。二万年におよぶ世界各地の古代文明はどのように生まれ、どのように滅びたのか。気候学の最新成果を駆使して描く、壮大な文明の興亡史。

歴史を変えた気候大変動

ブライアン・フェイガン　東郷えりか／桃井緑美子〔訳〕　46316-2

歴史を揺り動かした五百年前の気候大変動とは何だったのか？　人口大移動や農業革命、産業革命と深く結びついた「小さな氷河期」を、民衆はどのように生き延びたのか？　気候学と歴史学の双方から迫る！

犬の愛に嘘はない　犬たちの豊かな感情世界

ジェフリー・M・マッソン　古草秀子〔訳〕　46319-3

犬は人間の想像以上に高度な感情——喜びや悲しみ、思いやりなどを持っている。それまでの常識を覆し、多くの実話や文献をもとに、犬にも感情があることを解明し、その心の謎に迫った全米大ベストセラー。

謎解きモナ・リザ　見方の極意　名画の理由

西岡文彦　41441-6

未完のモナ・リザの謎解きを通して、あなたも“画家の眼”になれる究極の名画鑑賞術。愛人の美少年により売り渡されていたなど驚きの新事実も満載。「たけしの新・世界七不思議大百科」でも紹介の決定版！

謎解き印象派　見方の極意　光と色彩の秘密

西岡文彦　41454-6

モネのタッチは“よだれの跡”、ルノワールの色彩は“腐敗した肉”…今や名画の代表である印象派は、なぜ当時、ヘタで下品に見えたのか？　究極の鑑賞術で印象派のすべてがわかる決定版。

謎解きゴッホ

西岡文彦　41475-1

わずか十年の画家人生で、描いた絵は二千点以上。生前に売れたのは一点のみ……当時黙殺された不遇の作品が今日なぜ名画になったのか？　画期的鑑賞術で現代絵画の創始者としてのゴッホに迫る決定版！

時間のかかる読書

宮沢章夫　41336-5

脱線、飛躍、妄想、のろのろ、ぐずぐず——横光利一の名作短編「機械」を十一年かけて読んでみた。読書の楽しみはこんな端っこのところにある。本を愛する全ての人に捧げる伊藤整賞受賞作の名作。

日本語と私

大野晋　41344-0

『広辞苑』基礎語千語の執筆、戦後の国字改革批判、そして孤軍奮闘した日本語タミル語同系論研究……「日本とは何か」その答えを求め、生涯を日本語の究明に賭けた稀代の国語学者の貴重な自伝的エッセイ。

いまをひらく言葉

武田双雲　41446-1

何気ないひと言で人生が変わることがある。一つひとつの文字に宿る力、日々の短い言葉に宿る力。言葉によって人生はどれほど豊かになるだろう——溢れる想いを詰め込んだ書道家・武田双雲初の“言葉集”。

カタカナの正体

山口謡司　41498-0

漢字、ひらがな、カタカナを使い分けるのが日本語の特徴だが、カタカナはいったい何のためにあるのか？　誕生のドラマからカタカナ語の氾濫まで、多彩なエピソードをまじえて綴るユニークな日本語論。

日本語のかたち

外山滋比古　41209-2

「思考の整理学」の著者による、ことばの姿形から考察する、数々の慧眼が光る出色の日本語論。スタイルの思想などから「形式」を復権する、日本人が失ったものを求めて。

異体字の世界　旧字・俗字・略字の漢字百科〈最新版〉

小池和夫　41244-3

常用漢字の変遷、人名用漢字の混乱、ケータイからスマホへ進化し続ける漢字の現在を、異形の文字から解き明かした増補改訂新版。あまりにも不思議な、驚きのアナザーワールドへようこそ！

現代語訳 古事記

福永武彦〔訳〕　40699-2

日本人なら誰もが知っている古典中の古典「古事記」を、実際に読んだ読者は少ない。名訳としても名高く、もっとも分かりやすい現代語訳として親しまれてきた名著をさらに読みやすい形で文庫化した決定版。

現代語訳 徒然草

吉田兼好　佐藤春夫〔訳〕　40712-8

世間や日常生活を鮮やかに、明快に解く感覚を、名訳で読む文庫。合理的・論理的でありながら皮肉やユーモアに満ちあふれていて、極めて現代的な生活感覚と美的感覚を持つ精神的な糧となる代表的な名随筆。

現代語訳 日本書紀

福永武彦〔訳〕　40764-7

日本人なら誰もが知っている「古事記」と「日本書紀」。好評の『古事記』に続いて待望の文庫化。最も分かりやすい現代語訳として親しまれてきた福永武彦訳の名著。『古事記』と比較しながら読む楽しみ。

周防大島昔話集

宮本常一　41187-3

祖父母から、土地の古老から、宮本常一が採集した郷土に伝わるむかし話。内外の豊富な話柄が熟成される、宮本常一における〈遠野物語〉ともいうべき貴重な一冊。

日本人のくらしと文化

宮本常一　41240-5

旅する民俗学者が語り遺した初めての講演集。失われた日本人の懐かしい生活と知恵を求めて。「生活の伝統」「民族と宗教」「離島の生活と文化」ほか計六篇。

海に生きる人びと

宮本常一　41383-9

宮本常一の傑作『山に生きる人びと』と対をなす、日本人の祖先・海人たちの移動と定着の歴史と民俗。海の民の漁撈、航海、村作り、信仰の記録。

隠された神々

吉野裕子　41330-3

古代、太陽の運行に基き神を東西軸においた日本の信仰。だが白鳳期、星の信仰である中国の陰陽五行の影響により、日本の神々は突如、南北軸へ移行する……吉野民俗学の最良の入門書。

日本人の死生観

吉野裕子　41358-7

古代日本人は木や山を蛇に見立てて神とした。生誕は蛇から人への変身であり、死は人から蛇への変身であった……神道の底流をなす蛇信仰の核心に迫り、日本の神イメージを一変させる吉野民俗学の代表作！

私のインタヴュー

高峰秀子　41414-0

若き著者が、女優という立場を越え、ニコヨンさんやお手伝いさんなど、社会の下積み、陰の場所で懸命に働く女性たちに真摯に耳を傾けた稀有な書。残りにくい、貴重な時代の証言でもある。